华夏英才基金学术文库

Al₂O₃系复合微滤膜制备研究

王黔平　田秀淑　贾 翠　郭琳琳　马雪刚　著

化学工业出版社

·北京·

本书系统研究了溶胶-凝胶法制备 Al_2O_3 系复合微滤膜的工艺过程及影响因素，主要研究引入 SiO_2 和 ZrO_2 以及 TiO_2 对 Al_2O_3 膜改性的影响。本书的内容主要来自多年来对 Al_2O_3 系复合膜项目研究的材料、数据和分析，并以研究生课题的形式进行分题总结。每一章内容都是一个提出问题、分析问题、解决问题的完整体系。

为了便于读者阅读，本书简要介绍了溶胶凝胶法、微滤过程、陶瓷膜的结构、成膜机理以及膜生长模型等基本概念，在溶胶-凝胶膜制备方法中，重点介绍了有机醇盐水解法、无机盐水解法以及微波加热法制备 Al_2O_3 系复合膜的研究。

本书可作为有关陶瓷膜材料的研究开发、生产及科研人员的参考书，也可作为高等学校材料学等相关专业的研究生及高年级本科生的参考书。

图书在版编目（CIP）数据

Al_2O_3 系复合微滤膜制备研究/王黔平等编 . —北京：化学工业出版社，2010.12

ISBN 978-7-122-09596-1

Ⅰ．A… Ⅱ．王… Ⅲ．陶瓷薄膜-制备-研究 Ⅳ．TQ174.75

中国版本图书馆 CIP 数据核字（2010）第 191534 号

| 责任编辑：王　丽 | 文字编辑：丁建华 |
| 责任校对：洪雅姝 | 装帧设计：周　遥 |

出版发行：化学工业出版社（北京市东城区青年湖南街 13 号　邮政编码 100011）
印　　装：中国农业出版社印刷厂
720mm×1000mm　1/16　印张 10　字数 210 千字　2010 年 11 月北京第 1 版第 1 次印刷

购书咨询：010-64518888（传真：010-64519686）　售后服务：010-64518899
网　　址：http://www.cip.com.cn
凡购买本书，如有缺损质量问题，本社销售中心负责调换。

定　　价：58.00 元

前　言

　　膜科学技术已经在人类的能源、水资源与环境及传统技术改造等领域发挥关键性作用，并成为推动国家支柱产业发展，改善人类生存环境，提高 21 世纪人们生活质量的重要技术之一。

　　本书是作者自 2000 年以来根据膜科学技术特点，紧密结合科研实际，在带领研究生和本科生完成毕业课题的基础上，结合自身的科研工作经验逐步整理而成。本书对担载于 α-Al_2O_3 多孔陶瓷管支撑体上的 Al_2O_3-SiO_2-ZrO_2 复合陶瓷微滤膜制备机理及过程进行了深入研究；研究重点是 Al_2O_3 系复合膜领域的关键科学问题：首先在无机膜材料创新方面，将不同的陶瓷材料如氧化铝、氧化锆和氧化硅以及氧化钛等复合使膜表面改性，目的在于消除使用过程中高温处理对膜结构的影响以及抑制 γ-Al_2O_3 向 α-Al_2O_3 的相转变；其次在复合陶瓷膜制备中详细研究了微观结构形成机理与控制方法；最后研究了微波加热法在支撑体上制备无定形 SiO_2/Al_2O_3-SiO_2-ZrO_2-TiO_2 的双层复合膜工艺过程。对多次使用后的滤膜进行烧去滤饼遗留物处理，以研究膜结构的变化规律。

　　近十年来，作者投入较大的精力对用于污水处理的 Al_2O_3-SiO_2-ZrO_2 系复合微滤膜的项目进行研究，获得了一些有益的结论。发表相关论文 20 篇，获国家发明专利一项，市级科技进步二等奖一项，培养了 4 名硕士研究生。作者拟在该书中将 Al_2O_3-SiO_2-ZrO_2 系复合陶瓷微滤膜的项目研究成果进行梳理，将研究过程中的新发现、新观点进行总结，并用自己项目中研究的新材料作为自己科学论点的新论据，围绕该复合膜的专题，将有关知识归纳总结成若干规律并进行系统论述以惠及后人。

　　本书的材料主要来自于多年来对 Al_2O_3-SiO_2-ZrO_2 系复合膜项目研究的材料、数据和分析，并以研究生课题的形式进行分题总结。每一章内容都是一个提出问题、分析问题、解决问题的完整过程。另外，值得一提的是，作者在主要章节有一些实验分析举例，这样对初进入实验室的本科生和研究生有较强的指导意义和可操作性，这也是本书的特点之一。

　　在撰写过程中，作者参考了一些国内外有关研究成果，参加本项目学习和工作的研究生和本科生也提供了有益的实验数据和分析以及建议，作者谨表示衷心感谢。

　　特别要感谢中国矿业大学博士生导师王永刚教授在研究过程中给予的悉心指导和殷切关怀！

本书的出版得到了中央统战部华夏英才基金项目的大力支持，河北省统战部及河北理工大学统战部领导也为该书的顺利出版提供了大量的帮助，在此一并表示衷心感谢。

本书由河北理工大学王黔平、石家庄铁道大学田秀淑、北京科技大学贾翠、沧州师范学院郭琳琳、河北理工大学马雪刚撰写。参与撰写工作的还有吴卫华、刘淑贤、黄转红和张家生等。

限于作者水平有限，加之编写时间仓促，书中疏漏和不妥之处在所难免，敬请广大读者批评指正，不吝赐教。

作者

2010 年 8 月

目　录

第 1 章

Al$_2$O$_3$ 系复合膜分离技术导论

1.1 引言

　　膜科学技术是材料科学和过程工程科学等诸多学科交叉结合、相互渗透而产生的新领域。膜分离技术能够广泛用于石油化工、煤化工、环境、水质净化、食品、医药、生物工程等行业，已成为现代工业实现可持续发展战略的重要组成部分。特别是在人类赖以生存的能源、水资源与环境等领域，膜科学技术可以发挥关键性作用，能成为改善人类生存环境，提高 21 世纪人们生活质量的重要技术之一。

　　膜分离技术的研究虽然有百余年历史，但由于制膜技术发展所限，在工业中得到应用仅有 50 年左右的时间，因此它是一类新兴的高效节能的先进分离技术。按照膜的分离性能不同，将对应的分离技术划分为微滤、超滤、反渗透、透析与电渗析等技术。例如采用反渗透技术进行海水淡化，与蒸发法相比能耗大大降低，目前每吨饮用水的成本已降到 4～5 元左右；而在工业气体分离及净化中，利用膜分离进行 H$_2$ 的回收、空气分离、CO$_2$ 富集等技术也得到很大发展，已在工业中成功应用；再如采用微滤、超滤技术对水质进行深度净化，可清除大肠杆菌、有机污染物等损害健康的物质，使其达到饮用水标准；而在工业污水的处理中，采用微滤技术可大大降低 COD，此外，在中药有效成分分离、化工中的渗析蒸发精馏、人体透析等诸多方面，膜分离技术也发挥着越来越重要的作用。

　　膜分离技术的发展取决于膜材料和其制备技术，而制备能够耐高温、适应 pH 值范围广、稳定性好、性价比高的液体过滤无机膜是近二十年来制膜技术的重要发展方向。因此，以陶瓷材料为原料的制膜技术成为当前该领域所关注和发展的重要技术。

　　据报道[1]，我国涉及 7 亿人的饮用水大肠杆菌超标，涉及 1.7 亿人的饮用水被有机物所污染，水质型缺水已成为影响我国人民健康的重要问题。如果采用膜技术处理受到污染的水，可使大肠杆菌、有机物污染减小到饮用水标准；但是，被分离浓缩的细菌和有机污染物常常聚集在膜表面，须采用高温氧化法使其进一步降解，以避免造成二次污染。因此采用无机陶瓷膜可使水质净化、污染物高温氧化在一套系统内分时段完成，简化了污染物反冲洗、浓缩、再处理等过程，具有节能、洁净、工艺简单等优点。

本研究[2~4]以中水处理后铁含量、氟化物及大肠菌群为指标，以使其达到国家生活饮用水卫生标准为主要目的，围绕成膜材料与膜结构控制方法以及变温稳定性与膜结构变化关系等关键科学问题，通过多种实验方法研究担载于 α-Al$_2$O$_3$ 陶瓷管支撑体上的 Al$_2$O$_3$-SiO$_2$-ZrO$_2$ 系复合膜制备机理及过程，并反复进行水质净化、高温燃烧去除聚集污染物等实验以验证复合膜性能的变化规律，为制备高性能复合膜奠定理论基础和技术基础。

如前所述，无机膜的优异性能已在食品、药物等液体分离领域得到应用，并在高温气体分离、膜催化反应和环境保护等领域有巨大的应用潜力[5]。但由于材料本身的性能缺陷或制备过程中存在一些实际问题，单一无机膜材料一般不能满足实际需要，因此无机复合膜的研究和制备受到广泛关注并得到迅速发展。

就单一膜材料来说，最成功的无机膜是氧化铝膜。近年来，氧化铝膜的应用占到无机膜的一半以上。然而，随着膜反应器的出现和膜污染与清洗方面的深入研究，人们对氧化铝膜的耐高温性提出了越来越高的要求。在这些应用中，γ-Al$_2$O$_3$ 在高温下能否维持其性质（包括平均孔径、孔径分布和颗粒表面的化学性质）是至关重要的。普通的 γ-Al$_2$O$_3$ 膜，在温度高于 600℃时，遇酸或碱性介质时易破裂[6]，而且 K. L. Yeung 等[7]也证明了 γ-Al$_2$O$_3$ 膜在 800℃ 以下微观结构稳定，随温度升高，出现 δ-Al$_2$O$_3$ 和 θ-Al$_2$O$_3$ 过渡相，到 1200℃ 全部转化为 α-Al$_2$O$_3$，从而引起体积变化和表面化学结构的一些变化。这些研究结果表明，高温应用时的不稳定性使得氧化铝膜的应用受到了一定的限制。因此，提高 Al$_2$O$_3$ 膜的热稳定性，将不同的陶瓷材料复合使薄膜表面多样化，消除高温处理对膜结构的影响以及抑制 γ-Al$_2$O$_3$ 向 α-Al$_2$O$_3$ 的相转变成为广大膜科学工作者所关注的重要问题。

相比于单一膜，复合膜能够在更苛刻的条件下使用。目前复合膜改性用于气体分离的研究较多[8~12]，如用 Al$_2$O$_3$-SiO$_2$ 复合膜多步对微孔改性并引入钯离子；相比于纯 Al$_2$O$_3$ 膜和 ZrO$_2$ 膜，复合 ZrO$_2$-Al$_2$O$_3$ 膜热震性更好等；但复合膜的表面形貌及表面改性用于水处理等液体分离方面的应用研究还不多[13~15]。

Qunyin Xu 等[16]发现添加 20％的 ZrO$_2$ 到 TiO$_2$ 凝胶中会提高微孔的热稳定性，抑制热处理和结晶引起的颗粒长大或孔隙率下降；在纯 ZrO$_2$ 凝胶中加入 10％的 TiO$_2$，也使它的热稳定性得到改观。由此可见，双组分膜的热稳定性比单组分高，其原因可能是形成不同的晶相得到了更好的热稳定性。O. V. Cantfort 等[17]成功地合成了 Al$_2$O$_3$-SiO$_2$ 气凝胶，K. N. P. Kumar[18]制备了 Al$_2$O$_3$-TiO$_2$ 复合膜，这些复合膜都具有优异的微观结构及分离效果。曾智强等[19]研究出的 Al$_2$O$_3$-SiO$_2$-TiO$_2$ 复合溶胶，得到的复合薄膜孔径范围在 1～10nm 之间，孔隙率约为 35％，其层状表面形貌使它具有极大的表面改性潜力。

掺镧、硼以提高氧化铝膜高温热稳定性的研究均已见报道[20～22]，但这些掺杂的元素价格昂贵不便于大规模工业应用。掺杂 15％（摩尔分数）氧化硅的氧化铝膜在经 1200℃ 处理后也未发现孔结构的变化。另外，向氧化铝膜中引入锆也可提高它的热稳定性[23]。

王黔平等[2] 对 Al$_2$O$_3$-SiO$_2$-ZrO$_2$ 复合膜的制备进行了研究。在研究溶胶-凝胶技术制备 Al$_2$O$_3$-SiO$_2$-ZrO$_2$ 复合膜的过程中，向氧化铝膜前驱体中引入 ZrO$_2$ 目的是提高氧化铝膜的热稳定性，可以在一定程度上抑制氧化铝相变的发生，而且高温烧结处理的含氧化锆多孔膜，在 pH＝0～14 的范围内有较好的稳定性[24～28]；引入 SiO$_2$ 是因为无定形 SiO$_2$ 具有丰富的表面改性特性，它能改变 Al$_2$O$_3$ 陶瓷膜的表面性能从而提高气体的选择透过率，同时以 SiO$_2$ 作为提高膜与支撑体结合度的元素，这是因为担载膜通常是以 α-Al$_2$O$_3$ 多孔陶瓷管为支撑体，故需考虑到膜与支撑体的结合程度。而谢灼利等[29] 通过负载在多孔氧化铝陶瓷管上的 SiO$_2$ 膜的红外光谱图推测出 SiO$_2$ 在 α-Al$_2$O$_3$ 陶瓷膜管上可能形成了新的化学键，K. T. Kang 等[32] 根据实验现象给出了 SiO$_2$ 与 α-Al$_2$O$_3$ 分子在膜层间形成的化学结构示意图，如图 1-1 所示。这表明 SiO$_2$ 膜与 α-Al$_2$O$_3$ 陶瓷膜管的结合是牢固的。

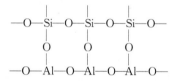

图 1-1　SiO$_2$ 与 α-Al$_2$O$_3$ 分子在膜层间形成的化学结构示意图[32]

Fig. 1-1　The schematic of chemical structure combined by SiO$_2$ and α-Al$_2$O$_3$ between two membranes

在无机膜材料创新方面，本研究首先将不同的陶瓷材料如氧化铝、氧化硅和氧化锆以及氧化钛复合使膜表面多样化，目的在于消除使用过程中高温处理对膜结构的影响以及抑制 γ-Al$_2$O$_3$ 向 α-Al$_2$O$_3$ 的相转变；其次在复合陶瓷膜制备中详细研究了微观结构形成机理与控制孔径大小的方法以及传统水浴法和微波加热法的不同特点；另外，还研究了微波加热法在支撑体上制备无定形 SiO$_2$/Al$_2$O$_3$-SiO$_2$-ZrO$_2$-TiO$_2$ 的双层涂膜工艺过程。对多次使用后的滤膜进行烧去滤饼遗留物处理，未发现结构有大的变化。

溶胶凝胶法由于具有工艺设备简单、成本低廉、化学成分可控、可在相对低温下制备高纯、小孔径的陶瓷膜等优点，被普遍认为是制备复合陶瓷膜的最有效的方法之一。因为金属醇盐的水解要比金属盐的水解更容易控制，所以传统的溶胶凝胶方法常以醇盐为前驱体，可制成粒子小的溶胶，故成为有关试验的首选方法。但对于采用醇盐法制备多化学组分的膜材料的凝胶前驱体，在制备过程中有可能会形成双相凝胶，其材料化学计量、相组成不易保证，而且较高的成本使醇盐法制备复合陶瓷膜也具有局限性[30~31]，故本研究在实验中同时采用醇盐和较为廉价的无机盐法两条路线进行研究以便比较。

溶胶的制备方法、涂膜制度、干燥制度、烧成制度也是制备复合膜的重要工艺条件，它们对膜的孔径及孔径分布等结构参数有很重要的影响。因此本研究对上述过程进行研究以控制膜的孔径，使膜的孔径更均匀，以提高滤膜的过滤精度、选择渗透性、渗透性及热化学稳定性。

使用微波技术制备气体分离复合膜的相关尝试[32]，为膜材料的快速制备开辟了一条新途径。本研究也特别对微波法制备复合膜对液体分离进行了较深入探讨，发现采用微波加热的方法制备勃姆石溶胶可以不受 $Al(NO_3)_3$ 溶解度的限制，得到浓度高达 4mol/L 的 AlOOH 溶胶，用激光粒度仪测试发现微波制 AlOOH 溶胶胶粒平均粒径 $0.0668\mu m$，且粒径分布集中；以无水乙醇为溶剂，将 AlOOH 溶胶、正硅酸乙酯、氧氯化锆和钛酸丁酯四种原料按一定比例混合，置于微波炉中可以制备出四组分的复合溶胶，制备方法简单、快捷；利用微波干燥可以快速将溶剂从溶胶中蒸发出来，形成良好的凝胶层，与自然干燥方法相比，不仅大大缩短了干燥的周期，而且形成的凝胶层更均匀；实验中还研究了硅酸钠水溶液与四组分复合溶胶的双涂层工艺。可能由于硅酸钠中氧化钠的助熔烧作用，无定形 SiO_2/Al_2O_3-SiO_2-ZrO_2-TiO_2 的双层涂膜烧结状态好于单层的，尤其是对有缺陷的膜修复方面可以借鉴。经过测试，复合陶瓷膜的耐酸、碱侵蚀的性能良好。通过对焙烧后的膜进行扫描电镜观察，发现膜完整均匀，无开裂，孔径可达到 $1\sim3\mu m$，而且分布更均匀。

1.2　微滤过程及滤膜传递模型

无机分离膜种类很多，按孔径大小及分离功能，可分为微滤（microfitration，简写为 MF）（孔径范围为 $0.02\sim10\mu m$）膜、超滤（ultrafitration，简写为 UF）膜（孔径范围为 $0.001\sim0.02\mu m$）、纳滤（nanofiltration，简写为 NF）膜及反渗透（RO）膜［膜的孔径小于 2nm，由薄的致密皮层（厚度小于 $1\mu m$）和多孔亚层（厚度≈$50\sim150\mu m$）组成，孔径范围为 $0.0001\sim0.001\mu m$］。

"膜"是指分隔两相，并以特定的形式限制和传递各种化学物质的界面。它可以是均相的或非均相的；对称型的或非对称型的；固体的或液体的；中性的或荷电性的[33]。其厚度可以从几微米（甚至到 $0.1\mu m$）到几毫米。每种膜都是一类过滤元件，与通常的过滤分离过程一样，要求被分离的混合物中至少有一种组分几乎可以无阻碍地通过膜，而其他的组分则不同程度地受到阻滞。

1.2.1　微滤过程及应用

（1）微滤过程

许多文献中将膜定义为两相之间的选择性屏障。膜分离的物质可以从颗粒到微观粒子，大致来说，膜的分离过程可用图 1-2[34] 表示。

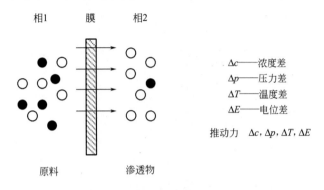

图 1-2　被膜分开的两相系统示意图

Fig. 1-2　Schematic diagram of two-phase system separated by membrane

当膜两侧存在某种推动力时，原料侧组分选择性地透过膜以达到分离、提纯的目的。通常不同的膜过程，使用的膜不同，其推动力也不同。本研究主要制备用于中水（污水处理厂的出水）的深度净化复合陶瓷微滤膜，以压力差为推动力。

微滤（微孔过滤）又称为精过滤，微孔过滤是以压差为推动力，利用膜的"筛分"作用进行分离的膜过程。微孔滤膜（微滤膜）具有比较整齐、均匀的多孔结构，在压力差的作用下，小于膜孔的粒子通过滤膜，而比膜孔大的粒子则被阻拦在滤膜面上，使大小不同的组分得以分离，操作压力为 0.7～7kPa，其作用相当于"过滤"。

一般认为微滤的分离机理为筛分机理，膜的物理结构起决定性作用。此外，吸附和电性能等因素对截留也有影响。微滤膜的截留机理引起结构上的差异而不尽相同。叶凌碧等[35]通过电镜观察认为，微孔滤膜截留作用大体可分为两大类。

① 膜表面层截留　见图 1-3(a)。

• 机械截留作用　指膜具有截留比它孔径大或孔径相当的微粒等杂质的作用，此即过筛作用。

• 物理作用或吸附截留作用　如果过分强调筛分作用就会得出不符合实际的结论。因此除了要考虑孔径因素之外，还要考虑其他因素的影响，其中包括吸附和电性能的影响。

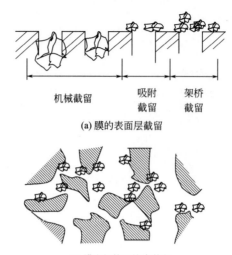

(a) 膜的表面层截留

(b) 膜内部的网络中截留

图 1-3　微滤膜各种截留作用示意图[7]

Fig. 1-3　Schematic diagram of various retention of
microfiltration membrane

• 架桥截留作用　通过电镜可以观察到，在孔的入口处，微粒因为架桥作用也同样可被截留。

② 膜内部截留　见图 1-3(b)。

(2) 陶瓷微滤膜主要用途[36]

① 在电子工业中，MF 用于纯水及超纯水的终端处理，脱出生产过程中产生的新的污染，如可能进入水中的离子交换树脂的微粒，设备管道壁产生的粒子以及细菌、胶体等。

② 在医药微生物业中，MF 用于制备无菌液体。目前，MF 已用于组织液培养、抗生素、血清、血浆蛋白质等多种溶液的灭菌。

③ MF 用于生物和微生物的检查分析。在生物化学和微生物研究中，常利用不同孔径的微滤膜收集细菌、酶、蛋白、虫卵等以提供检查和分析，利用滤膜进行微生物培养时，可据需要，在培养过程中，更换培养基，以达到多种不同目的，并可进行快速检验，因此这种方法已被用于水质检验，临床微生物标本的分离，食品中细菌的监察。

④ MF 用于酒的精制。用孔径小于 0.5μm 的微滤膜对啤酒和酒进行过滤后，可脱除其中的酵母、霉菌和其他微生物，经处理的产品清澈透明，存放期长，且成本低。

⑤ MF 用于润滑油的精制。可脱除废油中的水分和碳，进行废润滑油的再生。

1.2.2　微滤过程的孔模型

孔模型是用来描绘微孔过滤和超滤等过程的[36]。它是以传递机理为基础。在压力差为推动力的传递情况下，按不同孔径来选择分离溶液中所含微粒或大分子。溶剂的渗透速率取决于膜的孔隙率、孔径、溶液的黏度、溶剂在膜中的扩散曲折因子、膜厚和膜上下游压力差，可表达为：

$$J_v = \frac{\varepsilon r^2}{8 \eta \tau L} \Delta p \tag{1-1}$$

式中，J_v 为渗透速率，m/s；ε 为孔隙率，%；r 为孔径，m；η 为溶液的黏度，Pa·s；τ 为曲折因子；L 为膜厚度，m；Δp 为膜上下游压力差，Pa。

除了孔模型外，描绘微孔过滤的模型还有微孔扩散模型和优先吸附-毛细管流动模型。它们都是以假定的传递机理为基础的。在这里就不一一赘述。

1.3　Al$_2$O$_3$ 系多孔复合陶瓷膜

Al$_2$O$_3$ 系多孔复合陶瓷膜是目前最具有应用前景的一类无机膜。它具有陶瓷膜材料所拥有的两个最大的优点：一是耐高温，大多数陶瓷膜可在 1000～1300℃高温下使用；二是耐腐蚀（包括化学的及生物的），陶瓷膜一般比金属膜更耐酸腐蚀，而且与金属膜的单一均匀结构不同，多孔陶瓷膜根据孔径的不同，可有多层、超薄表层的不对称复合结构。正如上述原因，多孔陶瓷膜代表了无机膜的发展方向，而 Al$_2$O$_3$ 系多孔复合陶瓷膜正是当前最重要的一类无机膜材料。

1.3.1　Al$_2$O$_3$ 系复合陶瓷膜

无机陶瓷多孔膜按物质组成划分，可分为氧化铝膜、氧化锆膜、氧化钛膜、沸石膜及二氧化硅膜。在多孔膜中，Al$_2$O$_3$ 膜的研究和应用占一半以上，且其在20 世纪 80 年代中期到 90 年代初已得到迅猛发展。以往的研究结果表明，微孔Al$_2$O$_3$ 膜具有耐高温，耐腐蚀和不易生物降解的优点，在过滤、分离和催化反应等领域有着极大的应用前景。然而由于单一膜所特有的缺陷，针对 Al$_2$O$_3$ 系复合陶瓷膜的研究目前已广泛展开。

Al$_2$O$_3$ 主要包含两种变体[37]（同质多晶现象）：α-Al$_2$O$_3$ 和 γ-Al$_2$O$_3$。α-Al$_2$O$_3$ 的密度 3.99～4.0g/cm^3；γ-Al$_2$O$_3$ 的密度 3.42～3.47g/cm^3。γ-Al$_2$O$_3$ 可以在 450℃左右，通过加热氢氧化铝制得，而 α-Al$_2$O$_3$ 则可以通过将 γ-Al$_2$O$_3$ 或水合氧化铝煅烧到一定温度脱水的方法而制得。γ-Al$_2$O$_3$ 可再吸水变回氢氧化铝或水合氧化铝。α-Al$_2$O$_3$ 属于三方晶系，单位晶胞是一个尖的菱面体，它的结构最紧密。γ-Al$_2$O$_3$ 结构类似于于尖晶石（AB$_2$O$_4$）结构，在 γ-Al$_2$O$_3$ 结构中 O^{2-}

是按面心立方紧密堆积方式排列，Al^{3+}分布在 8 个 A^{2+} 和 16 个 B^{3+} 所占有的位置上，但是有 1/9 的位置空着。因此，在 γ-Al$_2$O$_3$ 的晶胞中，只有 $21\frac{1}{3}$ 个 Al^{3+} 和 32 个 O^{2-}，因此它的密度较小；而由于 γ-Al$_2$O$_3$ 是松散的结构，具有发达的比表面积和丰富的活性中心，故又称活性氧化铝。因此常将其作为分离用 Al$_2$O$_3$ 膜的主要成分。但是氧化铝不耐强酸，γ-Al$_2$O$_3$ 超滤膜在高于 500℃ 的高温条件下不很稳定[21]，而且随温度升高，形成过渡态的氧化铝。过渡态的氧化铝是介稳相，在 1000℃ 左右会相变生成 α-Al$_2$O$_3$ 相，相变过程中会发生 7% 的体积变化。稳定介稳相的氧化铝主要在于抑制 α-Al$_2$O$_3$ 的成核。如果介稳相氧化铝的基本粒子的粒径小于 α-Al$_2$O$_3$ 成核的临界粒径，相变就不会发生。即使其粒径大于临界粒径，如果没有合适的成核位，其相变也不会发生。因此，介稳相的氧化铝的热稳定性就取决于这些粒子的形貌和一些晶体结构上的特征，例如粒子的表面。显然，要提高结构上的稳定性就必须通过结构上的改性复合来获得[24~25,38~41]。

研究表明[42]，复合膜的透过率比单组分膜的透过率低，这是因为复合膜的孔径、孔隙率都或多或少的低于单组分薄膜。但由于不同组分表面吸附等性能的组合，使分离系数又有较大提高。而且，通过调节体系成分（即组分相对含量），就可以在透过率和分离系数之间作出均衡。虽然复合陶瓷膜本身的表面吸附量较小，但它具有极大的表面改性潜力。

1.3.2　陶瓷膜的结构

陶瓷膜按有无支撑体又可分为担载膜和非担载膜。担载膜在结构上属非对称膜，是以多孔陶瓷管等为支撑体进行涂膜得到的，其断面的形态呈不同的层次结构。即为结构不对称的"复合"。其典型断面结构如图 1-4[43] 所示。其断面由支撑体层、中间过渡层和过滤层三层结构构成。支撑体层的微孔孔径较大、厚度较厚；过渡层的微孔孔径介于支撑体层和过滤层之间且有一定厚度；过滤层的微孔孔径很小且厚度很薄。设计多层结构的目的是为了形成微孔孔径的梯度变化，以减少过滤时的压力损失，真正起过滤分离作用的是过滤层（即陶瓷膜）[44]。陶瓷膜提高了多孔支撑体层的选择透过性，而多孔支撑体保证了陶瓷膜必要的机械强度。中间层的作用就是使构成分离层的悬浮物不至透入支撑体层的孔洞中，并且不会引起跨越分离层的压力梯度产生大幅度的降低[45]。

广义上说，复合薄膜有两种基本复合模式[13]，见图 1-5。

第一种可称为"层状复合"，既不同材料逐层叠加而形成复合体系。但要注意膜层之间的相容性，特别是在温度变化较大的场合，热膨胀系数的差异会导致复合薄膜的破坏。

与层状复合相对应的另一种复合膜式可称为"整体复合"。薄膜是由不同的

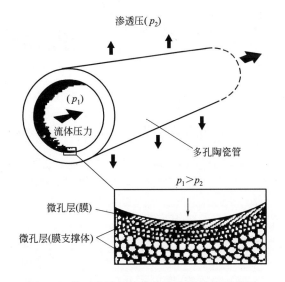

图 1-4　非对称性结构管状陶瓷膜结构示意图

Fig. 1-4　Schematic diagram of the structure of asymmetric

tube-shaped ceramic membrane

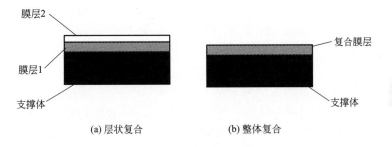

图 1-5　陶瓷膜的复合模式

Fig. 1-5　Composite pattern of ceramic membrane

材料相互复合而成，是"宏观均匀的"。

本课题研究的为非对称性复相顶层复合陶瓷微滤膜。分别研究"整体复合"膜（氧化铝、氧化锆和氧化硅以及氧化钛的复合膜）和"层状复合"膜（无定形 SiO_2/Al_2O_3-SiO_2-ZrO_2-TiO_2 的双层复合膜）。

1.3.3　Al_2O_3 系陶瓷膜孔径的研究

（1）孔径的重要性

孔径是膜的重要参数，它不仅可作为膜在不同情况下应用的选择标准，且对膜的渗透性和分离选择性以及热稳定性均有重要影响。另外，膜孔结构也是影响堵塞的重要原因。同时，在膜的制备和修饰过程中孔径的大小和孔径分布也是作为控制质量的主要指标。只有达到孔径的高度均匀，才能提高滤膜的过滤精度。

① 作为选择参数　膜的孔径是表示微孔膜的分离特性的重要参数之一，可根据选择适当的孔径，而达到不同的分离、过滤的效果。如果需要除去肉眼可见的颗粒，可选用 25μm 孔径的微滤膜；如果需要除去液体中的雾状物，可选用 1μm 或 5μm 孔径的微滤膜；要滤除最小的细菌则需 0.2μm 或 0.1μm 孔径的微滤膜[33]。不同孔径的膜的应用参考见表 1-1。

表 1-1　不同孔径微孔滤膜的用途
Table1-1　Application of MF membranes with different pore-size

孔径/μm	用途举例
3.0~8.0	溶剂、药剂、润滑油等的澄清过滤；1μm 以下微滤的预过滤；水淡化时球藻等藻类的去除
0.8~1.0	酒、啤酒、糖液、碳酸饮料中酵母和霉菌的去除；一般的澄清过滤；空气净化
0.4~0.6	澄清过滤；大肠杆菌、霍乱菌、破伤风菌等过滤；石棉纤维、微粒子的捕集
0.2	细菌的完全捕集、过滤、血浆分离等
0.08~0.1	病毒（如流感病毒、狂犬病毒等）的过滤；超纯水的最终过滤；人工肺、血浆净化等
0.03~0.05	病毒过滤；高分子量蛋白质的过滤等

② 孔径对膜性能的影响　多孔陶瓷膜的作用在很大程度上取决于它们的选择渗透性、渗透性以及热化学稳定性[46]。孔径大小及其分布直接影响着流体在膜中的传递特性，控制着流体通过膜的流动方式，决定着流体的渗透特性和分离选择性。透过性和选择性是一对矛盾，减小孔径能提高选择性，但却降低透过性。为了达到最佳的过滤和分离效果，需要对膜孔径进行准确控制得到最优化的结果。另外，孔隙率越高，膜的渗透通量越大。

膜在高温应用中维持原有的性质（包括比表面积、平均孔径、孔径分布等）是非常重要的。陶瓷膜的热稳定性反映其微孔结构随温度的变化程度。当热稳定性遭到破坏时，膜孔径增大，表面积和孔隙率下降甚至消失。如前所述，过渡态的氧化铝是介稳相，在 1000℃ 左右会相变生成 α-Al$_2$O$_3$ 相。这一相变过程伴随着大约 7% 的体积变化，从而会引起无机膜孔径的快速长大。可见，要提高热稳定性，控制孔径非常重要。

③ 孔径对膜污染的影响　膜在使用过程中易被污染，膜污染通常是由于膜表面形成了附着层和膜孔道发生了堵塞而引起的。膜孔结构是堵塞与否的重要因素。由于微孔膜过滤大多是表面过滤，因此，膜表面孔的结构对其抗堵性能影响最大。一般认为，膜的抗堵性能与膜孔径分布有直接关系，分布越宽，抗堵性能越差[33]。

（2）孔径控制的研究现状

由孔径在作为选择参数、对膜性能影响以及抗堵性能等方面的重要性可以发现，孔径控制是非常必要的，具有重大的应用价值[33]。

① 孔径分布与测定方法的关系　测定多孔介质孔径大小的方法很多，总结有以下十种[47,48]：胶体或大分子截留法、电子显微镜法、压汞法、N_2 吸附脱附法、量热测孔法、泡点法、液体驱除法、液-液置换法、气体渗透法和渗透孔度计法。不同的测定方法各有特点及适用情况和范围，以不同角度研究问题时，可对孔径用不同的方法做不同的测试。

王沛等[49]认为，膜孔径分布根据测定方法的不同可以分为两类，第一类孔径分布是膜孔的实际几何孔径分布，如图像分析和小角度 X 射线衍射等方法测定的孔径分布；第二类孔径分布是采用毛细孔原理测得的间接膜孔径分布，反应的是膜在流体通过时所表现出的孔径分布，如压汞法、泡压法、BET 法和渗透孔度法等测定的孔径分布。分离膜在应用时对其渗透和截流性能起决定作用的是孔道的最小孔径，膜在过滤时实际起作用的是径向贯通气孔。

② 粒子烧结法陶瓷膜孔径控制　粒子烧结法可以通过调节粒子大小、烧结温度等参数制备不同孔径和孔隙率的多孔膜，具有结构可调的优点[50]。王沛等[49]主要从膜厚对膜孔径的影响，以及膜孔径的测定方法两个方面研究了粒子烧结法制备氧化铝微滤膜孔径的影响因素及控制。泡压法测得膜孔径分布与膜厚有关，采用毛细孔原理测定某一孔道的孔径时，实际测定的是流体流经该孔道时所遇到的最小当量孔径。而测定结果与测定的孔道长度有关，孔道越长，最小孔径越小，而孔道长度与膜厚成正比。即随膜厚增加膜孔径减小。随烧结温度升高膜孔道实际几何孔径基本上不变，烧结过程中孔道长度缩短，这相当于减少了膜厚，从而引起膜孔径增大。泡压孔径由于颗粒长大而增大。

黏度高的悬浮液所制膜的孔径大，原因可能是制膜液黏度高引起膜结构疏松，但由于黏度对膜通量有重要影响，因此一般不通过调整黏度控制膜孔径。

制膜过程中膜孔径的控制可以根据孔径要求选择适当的微粉，然后在一定的配方和烧结条件下通过控制膜厚而控制膜孔径。

（3）溶胶-凝胶法中影响孔径的因素

对于溶胶-凝胶法制备陶瓷膜孔径的控制并没有系统的研究。总结各参考文献，可知孔径的影响因素有以下几个方面。

① 成分　杨维慎等人[51]认为膜孔径与配方密切相关。复合薄膜的成分影响其相结构，从而改变了薄膜的微观结构和表面形貌。因此，改变体系成分可以控制薄膜的结构。

② 胶溶剂种类和用量　金属醇盐的水解反应可以用酸或碱作催化剂，加入的酸或碱往往也是使粒子均匀分散形成胶体体系的胶溶剂。一般而言，用酸作催化剂时，生成的溶胶中聚合体连接很弱，由它制备的薄膜具有更小的孔径，并且酸的浓度和老化时间对制得孔径合适的多孔陶瓷膜也有很大影响；而用碱作催化

剂时，生成的溶胶制成的薄膜中孔径较大[52]。

③ 胶粒大小 陶瓷膜中可能的最小孔径取决于溶胶中一次（初级）粒子的大小，膜的孔径分布及孔的形状则分别取决于胶粒的粒度分布及胶粒的形状[53]。对勃姆石（Boehmite）膜的研究认为 Boehmite 凝胶膜的孔径大小、形状和分布取决于溶胶中初始的 Boehmite 晶粒的大小、形状和成膜时的堆积方式[54]。所以溶胶-凝胶法能方便地通过控制溶胶的粒径分布来控制孔径及孔隙率的大小。

④ 溶胶稳定性 胶体的性质决定了膜的结构，对于稳定的胶粒溶胶，有利于制备孔结构均匀的膜[55]。胶粒溶胶的稳定性取决于胶粒表面电荷的强弱，只有当表面电荷强度足够高，远离等电位点时，才能获得稳定的溶胶，并防止胶粒的团聚，确保膜孔径的均匀性。溶胶稳定性对膜结构影响如图 1-6 所示。

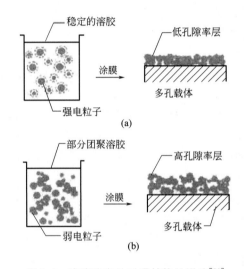

图 1-6 溶胶稳定性对膜结构的影响[56]

Fig. 1-6 The influence of sol stability on the structure of membrane

⑤ 烧结温度及升温速率 目前研究者关于烧成制度对膜孔径的影响，说法不一。黄培[57]认为膜的泡压平均孔径、孔隙率和最大孔径均随烧结温度升高而线性减小。Luevanen 等人[58]发现膜的孔径随烧结温度升高而变大。Page 等人[59]和 Rhines 等人[60]认为在烧结中期膜的孔径不随烧结温度升高而变化，Hillman 等人[61]则认为坯体孔径随烧结温度升高而增大。

烧结过程中的升温速率对膜的结构也有重要影响。袁文辉[62]等研究发现，随着焙烧时间的延长，Al₂O₃ 膜的比表面积呈减小的趋势，孔径呈增加的趋势，孔隙率不随焙烧时间的变化而变化。

本课题对实验条件下某些工艺参数对孔径的影响进行研究，探讨如何获得一定孔径且分布均匀的复合膜。

1.4　溶胶-凝胶膜制备方法

制备陶瓷膜的方法有固态粒子烧结法、薄膜沉淀法、喷射热分析法、化学镀膜法和热分解法及溶胶-凝胶法等。固态粒子烧结法是将无机粉料微小颗粒或超细颗粒（粒度 $0.1\sim10\mu m$）与适当的介质混合分散形成稳定的悬浮液，成型后制成生坯，再经干燥，然后在高温（$1000\sim1600℃$）下进行烧结处理，这种方法不仅可以制备微孔陶瓷膜或陶瓷支撑体，也可用于微孔金属膜。薄膜沉淀法是指用溅射、离子镀、金属镀即气相沉积等方法将膜沉积在支撑体上制造薄膜的方法；喷射热分析法和化学镀膜法二者都可用于在支撑体上制备不对称 Pb 合金膜；热分解法是在惰性气体保护或真空条件下，高温热分解热固性聚合物，如纤维素、酚醛树脂、聚偏二氯乙烯等，可制成碳分子筛膜（MSCM）。

与上述方法相比，溶胶-凝胶法是制备材料的湿化学方法中一种崭新的方法。溶胶-凝胶技术是一种由金属有机化合物、金属无机化合物或上述两者混合物经过水解缩聚过程，逐渐凝胶化及进行相应的后处理，而获得氧化物或其他化合物的新工艺。1846 年 J. J. Ebelmen 首先开展这方面的研究工作，20 世纪 30 年代 W. Geffchen 利用金属醇盐水解和胶凝化制备出了氧化物薄膜，从而证实了这种方法的可行性。从 20 世纪 80 年代初期，溶胶-凝胶法开始被广泛应用于薄膜的制备及其他材料的制备。

与上述几种制备方法比较起来，溶胶-凝胶法具有以下特点：①工艺简单，设备要求低，不需要像气相沉积法那样复杂昂贵的设备；②适合大面积的制膜，而且膜厚度可以控制在微米级；③薄膜化学组成比较容易控制，能从分子水平上设计制备材料；④为顶层膜改性，引入催化剂提供了各种各样的方法。故本研究采用溶胶-凝胶法来制备多孔氧化铝系微滤复合膜。

1.4.1　溶胶-凝胶法的基本概念

要了解溶胶-凝胶法，首先必须了解一些与其相关的基本概念。

先驱物（或前驱体、前驱物）：所用的起始原料。溶胶-凝胶过程常用的先驱物包括金属醇盐和金属无机化合物。其中金属醇盐是溶胶-凝胶法最合适的原料，金属醇盐具有容易提纯，可溶于普通有机溶剂，易水解等特性；同时，它们水解形成聚合物、氢氧化物或氧化物时，副产物只有易挥发的醇类，易于分离，故已被广泛用于溶胶-凝胶法中作为前驱物。金属无机化合物常用硝酸盐、氯化物或氧氯化物等可溶性盐作为前驱体制备膜材料。

溶胶是胶体溶液，其中反应物以胶体大小的粒子分散在其中。胶体分散系是分散程度很高的多相体系。溶胶的粒子半径在 $1\sim100nm$ 间，具有很大的相界面，表面能高，吸附性能强，许多胶体溶液之所以能长期保存，就是由于其较高的表面能和较强的吸附能力使胶粒表面吸附了相同电荷的离子，由于同性相斥使胶粒不易聚沉，因而胶体溶液是一个热力学不稳定而动力学稳定的体系。

凝胶是胶态固体，由可流动的组分和具有网络内部结构的固体组分以高度分散的状态构成。溶胶和凝胶是可以互相转化的两种状态，溶胶经过陈化或加入电解质可得到凝胶；凝胶可能具有触变性，即在搅拌等作用下，凝胶也可能转化为溶胶。

1.4.2 溶胶-凝胶法过程及原理

溶胶-凝胶法制备材料是利用液体化学试剂（或将粉末溶于溶剂）为原料（高化学活性的含材料成分的化合物前驱体），在液相下将这些原料均匀混合，并进行一系列的水解、聚合的化学反应，在溶液中形成稳定的透明溶胶体系；溶胶经过陈化，胶粒间缓慢聚合，形成以前驱体为骨架的三维聚合物或者是颗粒空间网络，网络中充满失去流动性的溶剂，这就是凝胶；凝胶再经过干燥，脱去其间溶剂而成为一种多孔空间结构的干凝胶或气凝胶；最后，经过烧结固化制备所需材料。也可在溶胶或凝胶状态下成型为所需的制品。

基本反应原理如下[63]。

① 溶剂化　能电离的前驱物-金属盐的金属阳离子 M^{Z+} 将吸引水分子形成溶剂单元 $M(H_2O)$（Z 为 M 离子的价数），为保持它的配位数而有强烈的释放 H^+ 的趋势。

$$M(H_2O)_n^{Z+} \longrightarrow M(H_2O)_{n-1}(OH)^{(Z-1)+} + H^+$$

这时如有其他粒子进入就可能产生聚合反应，但反应式极为复杂。

② 水解反应　非电离式的分子前驱物，如金属醇盐 $M(OR)_n$（n 为金属 M 的原子价）与水反应：

$$M(OR)_n + xH_2O \longrightarrow M(OH)_x(OR)_{n-x} + xROH$$

反应可延续进行，直至生成 $M(OH)_n$。

③ 缩聚反应　缩聚反应可分为失水缩聚和失醇缩聚：

$$—M—OH + HO—M \longrightarrow —M—O—M + H_2O$$
$$—M—OR + HO—M \longrightarrow M—O—M— + ROH$$

反应生成物是各种尺寸和结构的胶体粒子。

溶胶-凝胶工艺尤其适合制备陶瓷薄膜材料，不仅因为液相反应温度在室温下进行具有极大的优点，而且从理论上讲，只要可以制备所需材料的前驱液，那么就可以在任何形状和任何面积的基地上制备薄膜或所需的涂层。近几年，用溶胶-凝胶技术制备多晶陶瓷薄膜成为新材料的研究热点之一。

溶胶-凝胶法制备薄膜工艺有：浸渍法（dipping），旋覆法（spinning），喷涂法（spraying）和简单刷涂法（painting）等。常用的是浸渍法和旋覆法。本研究采用浸渍法。操作方式为上端进浆，下端出浆，保证膜厚均匀。

溶胶-凝胶法制备多孔不对称陶瓷膜的机理是：用大小均一的颗粒在大孔支撑体表面有序堆积，再经煅烧制得多孔膜层。简而言之，溶胶凝胶法是依次经由溶胶配置、形成凝胶、凝胶干燥和焙烧等环节的制膜过程。

1.4.3　有机醇盐水解法

有机醇盐水解法是-溶胶-凝胶技术中应用最广泛的一种方法，是指采用金属醇盐为前驱体溶于溶剂（水或有机溶剂）中形成均匀的溶液，溶质与溶剂间产生水解或醇解反应，反应生成物聚集成几纳米至几十纳米的粒子并形成溶胶。

金属醇盐的水解要比金属盐的水解更容易控制，可制成粒子小的溶胶，因此，实验中首先采用醇盐为前驱体来制备复合溶胶。金属醇盐的化学通式为 $M(OR)_n$，$M(OR)_n$ 可与醇类、羟基化合物、水等亲核试剂反应。$M(OR)_n$ 与溶剂产生水解反应和聚合反应，水解反应和聚合反应同时作用，生成各种尺寸和结构的溶胶粒子。如图 1-7 所示。

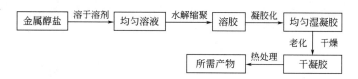

图 1-7　醇盐溶胶-凝胶过程

Fig. 1-7　Alkoxide sol-gel process

有机醇盐水解法的溶胶化过程较易发生，可控性较好，但对于多组分化学成分，有时形成双相凝胶，材料化学计量、相组成不易保证，因此这种情况下醇盐应用具有局限性。故在实验中也尝试用无机盐水解法制备溶胶。

1.4.4　无机盐水解法

无机盐水解法是指采用无机盐为前驱物，通过胶体粒子的溶胶化而形成溶胶。其形成过程为：通过调节无机盐水溶液的 pH 值，使之产生氢氧化物沉淀，然后对沉淀长时间连续冲洗，除去附加产生的盐，得到纯净氢氧化物沉淀，最后采用适当的方法如利用胶体静电稳定机制等使之溶胶化而形成溶胶，如图 1-8 所示。

图 1-8　无机盐水解法凝胶化过程

Fig. 1-8　Gelation process by inorganic precursor

为使沉淀物溶胶化，需对沉淀物长时间连续冲洗，除去附加产生的盐，得到纯净氢氧化物沉淀，否则难以溶胶化，此步骤会导致一定的原料损失，这也是该工艺的不足之处。

凝胶化过程通过溶胶失稳，使胶体粒子相互连接为支链，然后在整个介质中发展成为网络，从而转变为凝胶。无机盐途径的特点是[64~65]：化学过程简化，很少有或没有有机残余物；但不易形成溶胶，不易形成单相凝胶。

1.4.5 微波加热法

微波是一种高频电磁波，其频率范围为 0.3～300GHz，相应波长为 1mm～1m。在微波加热技术中使用的频率主要为 2.45 GHz（波长 12.2cm），可以根据被加热材料的形状、材质、含水率的不同而选择微波频率与功率。微波加热技术在陶瓷及金属化合物的燃烧合成、纳米材料的制备、沸石分子筛研究等方面显示了其特有的优点，其方法成为材料制备中一个高效、简便的手段。

微波加热与传统的加热方式有着明显的差别。微波加热时，微波进入到物质内部，微波电磁场与物质相互作用，使电磁场能量转化为物质的热能，是体积性加热，温度梯度是内高外低；而传统的加热方式是外部热源通过热辐射、传导、对流的方式，把热量传到被加热物质的表面，使其表面温度升高，再依靠传导使热量由外部传至内部，温度梯度是外高内低。微波热处理与普通热处理还有一个显著的不同是在微波热处理中，物质总是处在微波电磁场中，内部粒子的运动，除像普通热处理那样遵循热力学规律之外，还要受到电磁场的影响，温度越高，离子活性越大，受电磁场的影响越强烈。

实验中还采用微波加热法分别用醇盐和无机盐作为原料制备复合溶胶。

在微波加热过程中，极性分子由于介电常数较大，同微波有较强的耦合作用。所以由极性分子所组成的物质，能较好地吸收微波能。在微波电磁场作用下，极性分子从随机分布状态转为依电场方向进行取向排列，这些取向运动以每秒数十亿次的频率不断变化，造成分子的剧烈运动与碰撞摩擦，从而产生热量，达到电能直接转化为介质内的热能，使物质加热升温[66]。乙醇分子具有较强的极性，又是极好的非水溶剂，所以成为实验中微波法制非水溶胶的首选分散剂。

微波也能有效地加快化学反应速度，这已为实验所证实。但微波对一个物理或化学过程影响比较复杂，微波对胶体稳定性的影响，除有热效应外，还有"非热效应"现象，其原因可能是这样的：从微观的角度看，根据普朗克定律 $E = h\nu$，电磁波所携带的能量正比于它的频率，微波是一种低频率电磁波，虽然不具备高频电磁波如紫外光乃至 X 射线等那样高的能量足以直接使反应物的键断裂而使反应进行，但与红外光的作用类似，它也能够使处于微波环境中的分子键振动起来，特定频率的微波可能与某种类型的键发生共振作用而促使该类键断裂；而从理论方面看，它能改变由理论建立的平衡并使其更易被打破，相当于降低了化学反应体系的活化能，同时降低了体系的总位能曲线的能峰高度，故易于促进反应进行。

1.4.6　不同方法的比较

有机醇盐水解法的特点是溶胶化过程较易发生，可控性较好，但对于多组分化学成分，有时形成双相凝胶，材料化学计量、相组成不易保证，醇盐应用具有局限性。无机盐水解法特点是原料较廉价，化学过程简化，很少有或没有有机残余物；但不易形成溶胶，不易形成单相凝胶。微波加热法使溶胶形成和成膜过程高效、快捷。尤其是对多元复合溶胶的水解适用。但设备相对较贵。总之，生产和试验中应根据所处条件进行取舍。选择最适宜的。本试验由于考虑各自的特点对不同条件都进行了研究和分析。

1.5　溶胶的稳定性机理

溶胶体系是多相分散体系，有很大的界面。由于界面原子的 Gibbs 自由能比内部原子高。粒子间有相互聚结而降低其表面能的趋势，聚结之后往往不能恢复原态，因而溶胶体系是热力学上不稳定、不可逆的体系；但同时由于溶胶粒子小，布朗运动相当激烈，因而在重力场中不易沉降，即同时具备动力学稳定性。

根据 DLVO 理论，胶粒受到双电层斥力和长程范德华引力两种作用。为方便起见，以平板状粒子为例，粒子间的净作用位能为：

$$\varepsilon_{净} = \frac{64 n_0 k T r_0^2}{n} e^{-nx} - \frac{H}{12\pi x^2} \tag{1-2}$$

式中，x 为粒子间距；n_0 为电解质浓度；k 为玻耳兹曼常数；T 为热力学温度；r_0 为与固体表面电位和温度有关的函数；$1/n$ 为扩散双电层有效厚度；H 为哈马克常数，与粒子性质有关。

根据式（1-2）作出的粒子间距-位能曲线如图 1-9 所示。

由图 1-9 可以看出，位能曲线上有两个极小值，较深的一个称为第一极小值，浅的为第二极小值。当粒子间距较大或较小时，都是范德华引力占优势，当粒子间距小于第一极小值时，两个粒子已经相互接触，当间距再减小时，因为电子云重叠而产生的波恩斥力起主要作用而使斥力迅速增加。位能曲线上的极大值 ε_b 称为位能势垒。

粒子的布朗运动平均位能为 $\frac{3}{2}kT$。溶胶稳定性就决定于溶胶的热运动能量与两个极小值和位能势垒的大小之比。如果 $\varepsilon_b < \frac{3}{2}kT$，或者由于固体表面电位

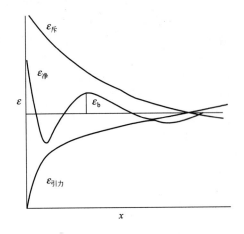

图 1-9　粒子间距-位能曲线

Fig. 1-9　Graph of particle's distance and potential energy

低，或电解质浓度较小，或哈马克常数较大等原因而使曲线上没有位能势垒，则由于吸引力，胶粒就要被相互黏结，直到第一极小值，此时发生胶体聚结。如果位能势垒比热运动能大，胶体就不会在第一极小值发生聚结。如果热运动能比第二极小值大，则粒子可凭借扩散运动而相互分离，胶体系统是稳定的。如果第二极小值相对较深，则在第二极小值也可能发生聚结，但此时形成的是一个疏松、易分解又变为溶胶的沉淀物，第二极小值的聚沉比第一极小值弱得多。因此，一般以位能势垒 ε_b 的大小来衡量溶胶稳定与否。

由式(1-2)可见，当温度一定时，斥力大小与固体表面电位及电解质溶液的浓度等有关，引力则决定于哈马克常数的大小，因此位能曲线也受到这几个因素的影响。

1.6　成膜机理

陶瓷膜采用"浸渍法（slip-casting）"制备，即将含有膜材料的超细粒子分散在介质中形成稳定的溶胶，然后使之在多孔支撑体上形成凝胶膜，再经干燥和烧结后得到多孔支撑膜。浸渍成型法涂膜过程包括：①支撑体与溶胶接触；②接触后支撑体与溶胶的分离。在支撑体毛细孔产生的附加压力下，溶胶倾向于进入支撑体孔隙，当其中介质水被吸入孔道内同时胶体粒子的流动受阻，在表面截留、增浓、缩合、聚结而成为一层凝胶膜。凝胶膜的厚度与浸渍时间的平方根成正比，膜的沉积速度随溶胶浓度增加而增加，随支撑体孔径增加而减小[67]。

1.6.1 两种成膜机理

溶胶在多孔支撑体上的成膜机理主要有两种：即毛细过滤（capillary filtration）和薄膜形成（film coating）。毛细过滤发生在干燥支撑体与浆料接触的时候，分散介质在毛细管的作用下进入支撑体中，成膜粒子则在支撑体的表面堆积形成膜。薄膜形成发生在接触后支撑体与溶胶的分离过程中，溶胶在黏滞力的作用下滞留于支撑体表面而成膜。一般认为，溶胶-凝胶法的成膜机理是多孔支撑体上孔的毛细管力的作用使溶胶的分散介质（水）较快地深入干燥支撑体的孔隙内，而分散相在孔口聚集浓缩形成凝胶膜，只有支撑体的孔径相当小或溶胶胶粒相当大时，胶粒才能在孔口搭桥形成凝胶膜，反之不能。因此溶胶胶粒的大小要与多孔陶瓷支撑体的孔径大小相匹配。另外，认为在孔径不同的支撑体上成膜机理是不同的，即支撑体孔径较小时，溶胶胶粒在孔口聚集形成凝胶膜，而支撑体孔径较大时，胶粒渗入支撑体的孔内，经多次重复浸渍-干燥-焙烧过程使支撑体的孔径逐渐变小，最后在表面形成薄膜。当支撑体的孔径一定时，也可通过增大溶胶浓度和在其中添加等 PVA 聚合物提高溶胶的黏度，以提高成膜性能。

1.6.2 浸渍法成膜动力学分析

采用浸渍法制备滤膜，关键是控制滤膜厚度。对于不同的多孔支撑体，不同溶剂、不同胶粒直径，在相同的时间所形成的膜厚不同，其取决于溶胶黏度、溶剂对支撑体毛细管的润湿，以及胶粒在支撑体中的架桥作用和胶粒之间的压缩，堆积状态等。

若将胶体溶液视为悬浮液，其成膜过程类似于过滤，膜厚相当于滤饼厚度。所不同的是在成膜初期，因胶粒直径小于多孔支撑体孔径，而需要一定的时间形成稳定的架桥。

成膜过程描述为：陶瓷支撑管内盛满溶胶，在溶剂与支撑体毛细管壁面界面张力及重力作用下，溶剂从毛细管渗出，架桥后的胶粒附着在管内壁形成湿滤膜。

在初始架桥完成后，溶剂流动所受推动力主要来自界面张力，推动力较小，其流动可认为属层流，假定膜孔为圆柱形，由 Hegen-Poiseuille 方程，则流速

$$u = \frac{d_e^2 \Delta p_m}{32\mu K_0 L} \tag{1-3}$$

式中，d_e 为膜孔当量直径，m；Δp_m 为溶剂通过膜的压降，Pa；μ 为溶剂的黏度，$Pa \cdot s$；K_0 为曲折因子；L 为湿膜厚度，m。

其中：$d_e = \dfrac{4\varepsilon}{S_0(1-\varepsilon)}$

式中，ε 为膜的孔隙率；S_0 为胶粒的比表面积，m^{-1}。

则溶剂渗出速度为：

$$\frac{\mathrm{d}v}{A\mathrm{d}t} = \varepsilon u = \frac{\varepsilon\left[\dfrac{4\varepsilon}{S_0(1-\varepsilon)}\right]^2 \Delta p_{\mathrm{m}}}{32\mu K_0 L} = \frac{\varepsilon^3 \Delta p_{\mathrm{m}}}{2S_0^2(1-\varepsilon)^2 K_0 \mu L} \tag{1-4}$$

式中，v 为流出溶剂体积，m^3；A 为成膜面积，m^2。

令 $\dfrac{1}{r} = \dfrac{\varepsilon^3}{2K_0 S_0^2(1-\varepsilon)^2}$（m^2），称为膜的比阻，与胶粒及膜的性质有关。

则式（1-4）成为：$\dfrac{\mathrm{d}v}{A\mathrm{d}t} = \dfrac{\Delta p_{\mathrm{m}}}{r\mu L}$

由于流出溶剂体积正比于堆积胶粒体积，即湿膜厚度，有：$v = \dfrac{A}{c}L$，式中，c 为溶胶中胶粒的浓度。将其代入上式，有：

$$\frac{\mathrm{d}L}{\mathrm{d}t} = \frac{c\Delta p_{\mathrm{m}}}{r\mu L} \tag{1-5}$$

当 c，Δp_{m}，μ，r 为常数时，对式（1-5）积分，得：

$$\int_0^L L\mathrm{d}L = \frac{c\Delta p_{\mathrm{m}}}{r\mu}\int_0^t \mathrm{d}t \qquad 即：L^2 = \frac{2c\Delta p_{\mathrm{m}}}{r\mu}t \tag{1-6}$$

因 Δp_{m} 主要是由于界面张力而产生的压差，由毛细管润湿现象分析有：

$$\pi R^2 \Delta p_{\mathrm{m}} = 2\pi R\sigma\cos\theta \qquad 即：\Delta p_{\mathrm{m}} = \frac{2\sigma}{R}\cos\theta$$

式中，σ 为界面张力；R 为毛细管半径；θ 为润湿角。

将上式代入式（1-6）得：

$$L^2 = \frac{4c\sigma}{r\mu R}\cos\theta \cdot t \tag{1-7}$$

由式（1-7）可见，膜厚大致与成膜时间的 1/2 次方成正比，通过膜厚与成膜时间的实验数据，可确定其中的有关参数。

1.6.3　凝胶的形成

一定浓度的溶胶或大分子化合物的真溶液在放置过程中自动形成凝胶的过程称为胶凝（gelatination）。凝胶指胶体颗粒或高聚物分子相互交联，形成空间网状结构[22]。溶胶向凝胶的转变过程可简述为：缩聚反应形成的聚合物或粒子聚集体长大为小粒子簇逐渐相互连接成三维网状结构，最后凝胶硬化。根据质点形状和性质不同，形成的三维网状结构有如图 1-10 所示的四种类型[68]。

1.6.4　成膜的影响因素

溶胶的性质、支撑体结构、表面性质以及溶胶添加剂均影响到膜的结构以及完整性。

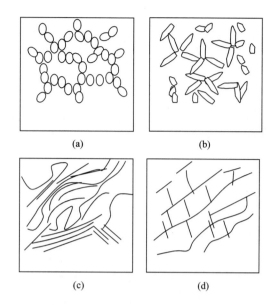

图 1-10　凝胶结构的 4 种类型示意图[38]

Fig. 1-10　Schematic diagram of four types of gel structure

（a）球形质点相互联结，由质点连成的链排成三度空间的网架，如 TiO$_2$、SiO$_2$ 等凝胶

（b）棒状或片状质点搭成网架，如 V$_2$O$_5$ 凝胶、白土凝胶等

（c）线型大分子构成的凝胶，在骨架中一部分分子链有序排列，形成微晶区，如明胶凝胶、棉花纤维等

（d）线型大分子因化学交联而形成凝胶，如硫化橡胶以及含有微量二乙烯苯的聚苯乙烯

（1）溶胶的影响

胶粒溶胶的稳定性取决于胶粒表面电荷的强弱，只有当表面电荷强度足够高，远离等电位点时，才能获得稳定的溶胶，并防止胶粒的团聚，确保膜孔径的均匀性。由于制备溶胶过程中多采用无机酸作为解胶剂，然而过量游离酸将会破坏胶体的存在，因此必须控制适当的 pH 值。

（2）支撑体的影响

关于支撑体的选择有三方面的因素需考虑：一是孔径和孔径分布；二是表面粗糙度；三是润湿性能。胶体粒子大小应当与支撑体孔径相匹配，否则胶粒直接进入支撑体孔内而得不到连续完整的膜。Leenaars 等[54]实验研究了支撑体孔径对成膜特性的影响，发现只有当支撑体的孔径与粒子大小相当时才能得到连续的膜。当支撑体表面存在大孔或孔径分布较宽，难于形成连续的涂层，即产生针孔等缺陷，显然孔径分布窄的支撑体也有利于提高膜的完整性和均匀性。当支撑体的孔径一定时，也可通过增大溶胶浓度和在溶胶中添加 PVA 等聚合物提高溶胶的黏度，以提高成膜性能。

涂制厚度均匀的膜，支撑体与溶胶体系的润湿性能十分重要。只有当支撑体表面具有很好的润湿性时，才能确保膜厚度均匀以及干燥过程的稳定性。否则，溶胶在支撑体表面上难于铺展，或在凝胶膜的干燥过程中形成局部缺陷。资料表明[69]，氧化铝膜、氧化锆膜、氧化钛膜及复合陶瓷膜属高能极性多孔表面，都有较强的亲水性，润湿角在 60°左右。

1.7　膜生长的分形表征

1.7.1　分形理论

分形（fractal）[70~73]是由 IBM（International Business Machine）公司研究中心物理部研究员暨哈佛大学数学系教授美籍法国数学家 Benoit Mandelbrot 于 1975 年首先提出的，它起源于对"病态几何"的研究。分形理论研究的是自然界和社会活动中广泛存在的无序（无规则）而具有自相似性的系统。分形理论借助于自相似原理，洞察隐藏于混乱现象的精细结构，为人们从局部认识整体，从有限认识无限提供新的方法论。

（1）分形的概念

Mandelbrot 在 1986 年对分形是这样描述的：分形就是指由各个部分组成的形态，每个部分以某种方式与整体相似。它具有自相似性和标度不变性。所谓自相似性是指某种结构或过程的特征从不同的空间尺度或时间尺度来看都是相似的，或者某系统或结构的局域性质或局域结构与整体相似。所谓标度不变性是指在分形上任选一局域，对它进行放大，这时得到的放大图又会显示出原图的形态特征。

（2）分形维数

分形维数，又叫分维，是定量刻画分形特征的参数，在一般情况下是一个分数（有时也可是整数），它表征了分形体的复杂程度，分形维数越大，其客体就越复杂，反之亦然。经典维数是人们所熟悉的，即为确定物体或几何图形中任意一点位置所需要的独立坐标数，它必须是整数。往往笼统地把取非整数值的维数统称为分形维数。对于无规分形，其自相似性是通过大量的统计抽象出来的，且它们的自相似性只存在于所谓的"无标度区间"之内。

1.7.2　膜生长的模型

溶胶-凝胶法制膜过程中，成千上万颗胶粒处于一种混乱的热力学运动中，处于一种无序状态，但形成凝胶时，胶粒又按某种有序的方式生长，胶粒的生长堆积就受分形规律控制。换言之，胶粒按一定的规律生长，形成一定的空间分布。溶胶-凝胶膜的生长属于质量分形，因而可以借助分形理论来研究实验过程中溶胶生长为凝胶的过程。由图 1-11 可以看出，各种模型下生长的分形维数是不同的，DLCA（有限扩散集团凝聚）模型生长的分形维数 $D=1.80$ 是最低的，因而其结构最松散。

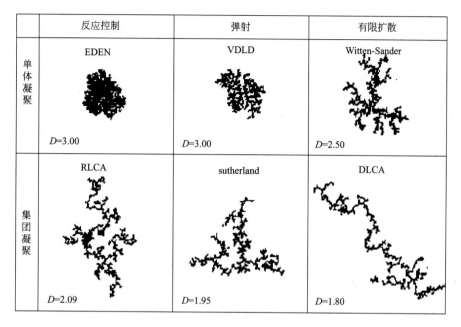

图 1-11　计算机模拟的各种生长模型[71]

Fig. 1-11　The simulated structure of various kinetic growth models

1.8　国内外研究现状及存在问题

1.8.1　陶瓷膜的发展历史

以天然和人工合成的高分子聚合物制成的微滤膜的现代过滤技术始于 19 世纪中叶，但对膜分离技术的系统研究却始于 20 世纪。1907 年，Bechhold 制得系列化多孔火绵胶膜并发表了第一篇系统研究微滤膜性质的报告，首先提出了用气泡法测量微滤膜孔径。1918 年，Zsigmondy 等人最早提出规模生产硝化纤维素微滤膜的方法，并于 1921 年获得专利。1925 年，在德国 Gottingen 成立了世界上第一个微滤膜公司——Sartorius GmbH，专门经销和生产微滤膜。

第二次世界大战后，美、英等国家得到德国微滤膜公司的资料，于 1947 年相继成立了工业生产机构，开始生产硝化纤维素微滤膜，用于水质和化学武器的检测。20 世纪 60 年代，随着聚合物材料的开发、成膜机理的研究和制膜工艺的改进，膜品种不断扩大，微滤膜的应用领域也大大拓宽。目前，微滤膜在各种分离膜中的产值最高，占世界膜技术总产值的 50% 以上。

陶瓷分离膜进入工业领域是 20 世纪 70 年代末，这期间主要是发展工业用的陶瓷微滤膜和陶瓷超滤膜。采用 Al_2O_3、TiO_2、SiO_2 等材料的陶瓷膜克服了有机膜的不足，其开发和应用研究日趋活跃，开发出了液体分离微滤膜及其组件，并首先在法国的奶业、葡萄酒业获得成功应用。SFEC 公司开始出售商标为 Carbosep 的成套膜设备，Ceraver 公司也将陶瓷膜转向民用，以 Membralox® 为商标出售 19 通道的陶瓷膜。商品化陶瓷膜及膜设备的开发成功，使得陶瓷膜在液体微滤分离中得到广泛应用，逐渐渗透到食品工业、环境工程、生物化工、高温气体除尘、电子行业气体净化等领域，其销售额 1986 年为 2000 万美元，并且以每年 30% 的速度增长。1994 年，Larbot[74] 等用溶胶-凝胶技术制备 γ-Al_2O_3 膜，其孔径可达 1nm 左右。1997 年美国仅陶瓷膜市场已达 1 亿美元。2004 年膜市场为 100 亿美元，陶瓷膜占市场份额大于 12%，随着陶瓷膜在新的领域如燃料电池、膜催化反应器中的应用，市场份额会有所增加[75]。该阶段的最大特点是各发达国家政府对陶瓷膜的发展给予充分重视，将其作为一门新兴的高技术前沿学科进行研究。美国能源部对陶瓷膜的应用领域进行了广泛调查，对一些项目提供巨额资助。日本政府也对陶瓷膜的研究极为重视，投入了大量的人力、物力，在短短的几年内，成为陶瓷膜技术先进国家之一[76~78]。

我国陶瓷膜的研究始于 20 世纪 80 年代，通过国家自然科学基金以及各部委的支持，已经能在实验室规模制备出陶瓷微滤膜和超滤膜以及高通量的金属钯膜、反应用膜。90 年代后，科技部将无机陶瓷膜的研究分别列入了 "863" 计划、科技攻关计划以及 "973" 计划，推进了陶瓷微滤膜的工业化进程。目前我国已初步实现了多通道陶瓷滤膜的工业化生产，并在相关的工业过程中获得成功的应用。膜催化反应领域的研究也取得重要进展。2002 年第 7 届国际无机膜大会在中国召开，标志着我国无机陶瓷膜的研究与工业化工作已获得一些进步。

目前，国际上无机陶瓷分离膜的研究主要集中在非对称膜，其研究内容主要集中在以下几个方面[45,79~81]：①膜及膜反应器制备工艺的研究；②过滤与分离机理的研究；③多孔介质微孔结构的表面改性；④无机膜显微结构及性能的测试与表征。表 1-2 是国内外部分已商品化的无机膜。

虽然我国无机陶瓷膜研究取得了较大的进展，但与国外先进水平相比，还存在较大的差距。

1.8.2 存在的问题及发展方向

① 目前研制的陶瓷膜由于孔径所限，气体通过多孔膜时，在高温下主要遵循 Knudsen 扩散机理，分离系数与分子量平方根之比成反比，因此分离因子很小，加上低的装填面积，应用价值不大，仅当分子筛分作用发生时，才具备大的分离因子，因此开发高温下稳定的分子筛分膜是高温气体分离领域中重要的研究方向[28]。

表 1-2　部分已商品化的无机膜

Table1-2　Some commercial inorganic membranes

材料	厂商	膜性能			最高使用温度/℃
		孔径/μm	孔隙率/%	纯水透过率/m·h^{-1}·atm^{-1}	
Al$_2$O$_3$	Cerver(Fr)	0.004~15	33~37	0.81~6.90	1300
	Norton(USA)	0.2~1.0			145~750
	Mitsui(Jpn)	1~80	47	4.60~7.40	
	Nipongaishi(Jpn)	0.2~5	36	1.5~20	1300
	Kubodateko(Jpn)	0.05~10	40	2~22	
	Totokiki(Jpn)	0.2~8	38~44	0.05~7.90	1100
Al$_2$O$_3$-ZrO$_2$	CMF-M 微滤膜系列（江苏成吾）	0.1~1.2	35		150
ZrO$_2$-TiO$_2$	管式陶瓷超滤膜元件（江苏成吾）	30~50nm	35~47		150
ZrO$_2$-Al$_2$O$_3$	微滤膜/超滤膜（南京九思）	0.1~1.2/30~50nm	33		小于200
SiO$_2$-Al$_2$O$_3$	Nipongenaha(Jpn)	0.8~140	40~53		300
ZrO$_2$	Sfec(Fr)			0.15~0.40	1200
SiO$_2$	Corning(USA)	0.004	25	6.5×10^{-6}	
	Carasu(Jpn)	0.004~1.0	25~64	1.5×10^{-2}	800

注：1atm＝101325Pa。

② 由于透过机理的限制，透过性和选择性是一对矛盾，减小孔径能提高选择性，却以降低透过性为代价，因此，如何同时获得最佳的选择性和透过性是膜合成和改性的发展趋势[82]。

③ γ-Al$_2$O$_3$ 膜不仅在高温热处理时发生微观结构的变化，而且低温长时间热处理也引起孔径的增大。表面修饰是今后 Al$_2$O$_3$ 膜发展的趋势[83]。

④ 陶瓷膜的热稳定性研究有待于进一步开展，小孔径、耐高温是现今陶瓷膜研制的重要发展方向[82]。

⑤ 目前研究开发应用的陶瓷分离膜大多是单一组分膜。由于物理分离过程很难同时实现高通量与高选择性，因此对陶瓷分离膜需要进行化学改性，以改进分离组分与膜内孔表面作用方式，改进分离膜的性能[84]。溶胶凝胶法所用的金属醇盐等有机化合物价格昂贵，使得无机陶瓷膜的生产应用成本长期居高不下，因而难以普遍代替有机膜用于工业生产中[85]。

⑥ 复合无机膜的制备与表征研究不够深入，复合分离膜的制备和应用已成为膜科学领域的主要发展方向之一[6]。

1.9　主要研究目标和内容

（1）研究目标

① 通过向 Al$_2$O$_3$ 膜材料中引入 SiO$_2$、ZrO$_2$ 以及 TiO$_2$ 等组分，提高铝系复合膜热稳定性，揭示添加材料的作用机理。

② 采用不同 Al$_2$O$_3$ 原料，通过溶胶凝胶制备法制备 Al$_2$O$_3$-SiO$_2$-ZrO$_2$ 复合膜，掌握各因素对制备过程的影响规律，并优化工艺条件。

③ 制备的复合膜在实验室条件下用于中水深度处理，使大肠杆菌、氟化物、铁等含量基本达到饮用水标准。

（2）主要研究内容

① 以异丙醇铝为前驱体，深入研究醇盐法制备铝溶胶的最佳制备条件、添加 SiO$_2$-ZrO$_2$ 溶胶对复合膜的作用机理、各因素对复合膜性能的影响规律。

② 以硝酸铝为前驱体，深入研究无机盐水解法制备铝溶胶的最佳制备条件及各因素对复合膜孔径及分离性能的影响规律。

③ 研究正硅酸乙酯、氧氯化锆、钛酸丁酯的水解机理及特性，为制备 Al$_2$O$_3$-SiO$_2$-ZrO$_2$-TiO$_2$ 四组分复合膜提供理论支持。

④ 探索微波加热用于制备 Al$_2$O$_3$-SiO$_2$-ZrO$_2$-TiO$_2$ 四组分复合膜的新方法，并确定基本工艺条件。

⑤ 制备的复合膜于实验室条件下进行中水过滤实验，测定膜的分离性能。

第2章

膜制备装置及主要测试方法

2.1　主要试剂

实验中主要试剂如表 2-1 所示。

表 2-1　实验用主要试剂一览表
Table2-1　Schedule of reagent

试剂名称	分子式	相对分子质量	纯度	相对密度	生产厂家
异丙醇铝	$Al(C_3H_7O)_3$	204	纯固体		北京市旭东化工厂
异丙醇	C_3H_8O	60	分析纯	0.79	天津市医药公司
无水乙醇	CH_3CH_2OH	46	分析纯	0.79	天津市医药公司
正硅酸乙酯	$(C_2H_5)_4SiO_4$	208	分析纯	0.93	中国青浦合成试剂厂
氧氯化锆	$ZrOCl_2 \cdot 8H_2O$	322	纯固体	0.94	北京市旭东化工厂
硝酸铝	$Al(NO_3)_3 \cdot 9H_2O$	375	纯固体		天津大茂化学仪器供应站
硝酸	HNO_3	63	分析纯	1.42	唐山市路北区化工厂
氨水	$NH_3 \cdot H_2O$	35	分析纯	0.89	天津市翔宇科技贸易公司
钛酸丁酯	$[CH_3(CH_2)_3O]_4Ti$	340	分析纯	1	上海第三试剂厂
硅酸钠	Na_2SiO_3	122	分析纯		天津市大茂化学仪器供应站
盐酸	HCl	37	分析纯	1.19	唐山市路北区化工厂
铁单元素标准溶液					国家标准物质研究中心

2.2　主要仪器

实验中主要仪器如表 2-2 所示。

表 2-2　实验用主要仪器一览表

Table2-2　Schedule of equipment

名　　称	型　　号	生 产 厂 家
增力电动搅拌器	JJ-1	江苏金坛市医疗仪器厂
磁力加热搅拌器	78-1	南汇电讯器材厂
旋转黏度计	NDJ-2	上海天平仪器厂
分光光度计	721	上海第三分析仪器厂
激光粒度仪	LS230	美国库尔特公司
酸度计	PSH-2	上海第二分析仪器厂
高温箱式电阻炉	SX-6-13	天津实验电炉厂
差热膨胀仪	LCP-1	北京光学仪器厂
偏光显微镜	XPL-1	南京光学仪器厂
X 射线粉末衍射仪(铜靶)	BDX3200	中国科学院科学仪器厂
傅里叶红外光谱测试仪	AVACTR360	中国科学院科学仪器厂
扫描电子显微镜	KYKY2800	中国科学院科学仪器厂
压汞仪	9500 AutoPore Ⅳ	美国麦克仪器公司
微波炉	KD23B-DA(X)	美的公司

2.3　溶胶-凝胶过程分析

在溶胶-凝胶过程中，需要随时进行检测和分析，以确定工艺步骤以及控制方法。

2.3.1　溶胶的判定

溶胶-凝胶过程的第一步就是制备溶胶。当质点大小在胶体范围内，会发生明显的光的散射现象，即在入射光的垂直方向可以看到一束发亮的光锥。胶粒对光散射宏观表现为丁达尔（Tyndall）效应[68]。用一束光线照射溶胶，通过是否发生丁达尔现象作为溶胶的判据。实验制得的单组分和复合体系均可观察到明显的丁达尔现象。

2.3.2　溶胶性能的表征方法

① 黏度　溶胶黏度的测定对用溶胶-凝胶法制备薄膜具有十分显著的影响。制备薄膜时，一般需要溶胶黏度在 2～5mPa·s 之间，否则不能获得均匀的薄

膜。实验中采用旋转黏度计测定溶胶的黏度。

② 透明度　获得澄清透明的溶胶是制膜的关键。溶胶的透明度通常是目测，从好到差分别以从 1～5 的数字表示。

③ 溶胶粒径　取一滴溶胶溶于 20mL 无水乙醇中，滴一滴在载物片上，用偏光显微镜观察溶胶的表观粒径。涂膜溶胶的粒径用激光粒度仪测得。

④ 溶胶稳定性　溶胶稳定性可用溶胶的胶凝时间来描述，记溶胶在试管中倾斜 30°不流动的时间为溶胶的胶凝时间。另外，不稳定的溶胶因胶粒团聚而粒径变大、粒子分布变宽。因此表征胶体粒径的变化，对研究胶体的稳定性具有一定意义。

⑤ 成膜性能　将溶胶涂覆于玻璃片上，观察其成膜情况。并用数码相机拍摄涂膜表面照片。

2.3.3　凝胶差热分析

差热分析（DTA）是对材料热分析的一种方法，即根据物质的温度变化所引起的性能变化（如热能量、质量、尺寸、结构等）来确定状态变化的方法。差热分析（DTA）是在程序温度控制下，测量物质与参比物之间的温度差随温度变化的一种技术。差热分析仪可用于测定物质在热反应时的特征温度及吸收或放出的热量，包括物质相变、分解、化合、凝固、脱水、蒸发等物理或化学反应。在溶胶-凝胶过程中，凝胶的热性能必须要预先测试才能比较准确地控制后期的热处理工艺，同时获得结构和性能方面的信息。

取干凝胶粉末少许，于 LCP-1 型差热膨胀仪上作差热曲线，测温范围由室温升至 1200℃。用差热分析（DTA）判断挥发物逸出、晶型生成或转化等物理化学变化。

2.3.4　凝胶的红外光谱分析

红外光谱与分子结构有确定的关系，组成物质的分子有各自特有的红外光谱，组成分子的基团或键有其特征振动频率，邻接原子（或原子团）不同或分子构型不同，其特征振动频率会发生位移，特征吸收谱带的强度及形状都会改变。分子的红外光谱受周围分子影响很小，无相互作用的混合物的光谱可以看成是几种物质光谱的简单加和。从红外光谱图可确定分子中含有的基团或键以及原子排布方式，确定膜分子结构。在溶胶-凝胶工艺过程和结构研究中，红外光谱分析可以判断溶胶的结构，或者凝胶煅烧前后的官能团结构，它可以反映凝胶的分子结构特征。用凝胶粉末热处理后做红外光谱（IR）分析。

2.3.5　凝胶的 X 射线衍射分析（XRD）

对于溶胶-凝胶过程及其产品而言，需要对其进行晶体结构和物相分析。利用 X 射线衍射分析，可以判断晶体的种类，还可根据布拉格公式计算晶体的晶面间距。干凝胶粉末热处理后做 X 射线衍射分析（铜靶），用粉末试样的 X 射线衍射分析来鉴定膜的物相组成，测量衍射峰的半峰宽，通过 Scherer 公式计算出晶粒大小。对于薄膜材料而言，采用传统的 X 射线衍射法很难表征其微晶结构，还需要采用相应的小角度散射法，也需要在传统的 X 射线衍射仪的基础上增加相应的薄膜附件等。

2.4 膜管及复合膜性能分析

2.4.1 膜管孔径和显气孔率的测定

（1）复合膜的表征方法

气孔率：对于含有大孔的介质，如微滤膜或基质膜孔隙率的测定，采用吸水率法较为合适[53]。首先称得干燥试样的质量 m_1，然后完全浸没于蒸馏水中沸煮 1.5h，冷却至室温后称取表观质量 m_2 和饱和质量 m_3。则气孔率 ε 由下式计算出：

$$\varepsilon = \frac{m_3 - m_1}{m_3 - m_2}$$ (2-1)

孔径分析：支撑体孔径由压汞仪测得；膜孔径用 N$_2$ 吸附脱附法测定，也可通过 SEM 照片量取一定数目孔的直径，取其平均值，得到膜的平均孔径。

（2）实验用不同编号膜管的显气孔率 见表 2-3。

表 2-3 复合膜管显气孔率一览表

Table2-3 Schedule of pore ratio of porous ceramic membrane pipe

编号	1	2	3	4
显气孔率	29.7%	32.0%	30.5%	32.8%

2.4.2 膜管相对硬度测试

硬度是指矿物抵抗外来机械作用如刻划、压入、研磨的能力。硬度又可分为绝对硬度和相对硬度，绝对硬度是利用显微硬度计测得的，单位是 kg/mm^2，在实际中用得较少。相对硬度利用摩氏硬度计划分，由 10 个常见矿物组成。除了标准硬度矿物外，人们还常用其他简便工具测试硬度，如铜钥匙为 3.0，小钢刀为 5.0～5.5、玻璃为 6.0。选用几种实用的硬度工具，如不锈钢刀 5.0～5.5、载玻片 6.0、石英 7，对膜管的表面进行了测试，结果表明实验所用膜管的硬度介于 6～7 之间。

2.4.3 抗折强度的测试

将试样用抗折杠杆试验机压断试样，根据公式计算出抗折强度：

$$\sigma = \frac{8PL}{\pi D^3(1-\alpha^4)} \qquad (2\text{-}2)$$

式中，$\alpha = d/D$；σ 为多孔陶瓷管的抗折强度，MPa；P 为试样断时的负荷，N；d 为多孔陶瓷管的外径，mm；D 为多孔陶瓷管的内径，mm；L 为两支撑刀口之间的距离，mm。

对实验用膜管的抗折强度进行了测试，结果表明膜管的抗折强度为 21MPa。

2.4.4 膜的渗透通量的测试

实验中受实验条件所限，只对膜的渗透通量进行表征。

无机膜在液相分离中都是以压力差为推动力的膜分离过程，渗透通量（J）即为单位时间内通过单位膜面积的透过物量，其定义如式(2-3) 所示：

$$J = \frac{V}{At} \qquad (2\text{-}3)$$

式中，V 为液体透过总量，kg；A 为膜的有效面积，m^2；t 为过滤时间，s。

对于新膜，通常是采用纯水通量为标准来说明其渗透性能，目前对采用的纯水的质量并没有统一的标准，通常都要求是经过过滤的清洁水。一般要求其浊度及电导率等都很小，能满足瓶装纯净水的国家标准。

2.4.5 膜的耐酸碱性能测试

本课题复合膜的耐酸碱性能测试如下，即在一定的条件下（酸或碱溶液、温度和时间）考察膜的损失量。可用式(2-4)来计算酸、碱腐蚀质量损失率：

$$L_m = \frac{m_0 - m'}{m_0} \times 100 \qquad (2\text{-}4)$$

式中，L_m 为质量损失率，%；m_0 为腐蚀前试样质量，g；m' 为酸或碱腐蚀后的质量，g。

第 3 章

有机醇盐水解法制备 Al_2O_3 系复合微滤膜的研究

近年来，随着特种陶瓷材料和氧化铝系无机膜材料的发展，人们对氧化铝前驱体（procuesor）也提出了更高的要求。作为氧化铝的主要前驱体，具有勃姆石结构的氢氧化铝在新材料的制备过程中起着关键性的作用，而其纯度、晶型规整度、分散性、粒径等指标直接影响到最终材料的性能[1~5]。常规的勃姆石型氢氧化铝主要由无机盐通过沉淀法或溶胶-凝胶法制备。但这类方法存在纯度和结晶度低、不易分散为纳米粒子等弱点，无法用于高端的无机纳米材料制备领域。而以有机盐（如异丙醇铝）为原料制备氧化铝溶胶是目前诸多制备方法中研究和应用最为广泛的一种。在拥有搅拌、回流和加料功能的装置里，将有机原料滴加入水中（通过控制滴加速度可以达到调配溶胶性质的目的），80℃下剧烈搅

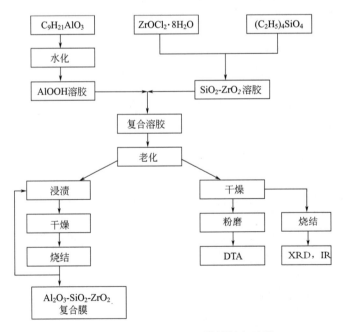

图 3-1　Al_2O_3-SiO_2-ZrO_2 膜的制备过程

Fig. 3-1　Preparation process of Al_2O_3-SiO_2-ZrO_2 membrane

拌，蒸发除去大部分醇，加胶溶剂使沉淀成胶，高于 80℃下回流数小时，即可制得透明氧化铝溶胶。

　　本章主要介绍有机醇盐水解法制备氧化铝溶胶的过程，以及添加一些氧化物如 SiO$_2$ 与 ZrO$_2$ 后铝系膜的热稳定性及渗透选择性的改善情况。有机醇盐法制备 Al$_2$O$_3$-SiO$_2$-ZrO$_2$ 膜的过程见图 3-1。实验用试剂及仪器见表 2-1 和表 2-2 所示。主要研究内容如下。

3.1　AlOOH-ZrO$_2$-SiO$_2$ 复合溶胶的制备

　　以异丙醇铝为原料，将异丙醇铝配置成溶液，使醇溶液在＞85℃，高速搅拌的过量蒸馏水中水解，加入适量的胶溶剂，将形成的水解产物在一定温度下胶溶，形成勃姆石 AlOOH 溶胶溶液。图 3-2 是勃姆石 AlOOH 溶胶的制备简图。

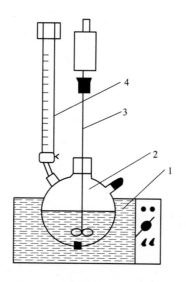

图 3-2　AlOOH 溶胶制备简图

Fig. 3-2　Experimental equipment of AlOOH sol

1—恒温水浴箱（apparatus of thermostatic water-bath）；2—三口烧瓶（hydrolysis reactor）；

3—电动搅拌器（electrical agitator）；4—冷凝管（condenser coil）

　　在三元溶胶的制备过程中，若采用 HNO$_3$ 作为胶溶剂先制得 AlOOH 溶胶，然后再将 TEOS 的乙醇溶液和 ZrOCl$_2$·8H$_2$O 的水溶液加入其中则得不到稳定透明的复合溶胶。据文献报道，以 HNO$_3$ 作为催化剂时，用量很小便可获得澄清透明的硅溶胶，但与铝溶胶混合立即出现絮凝现象。本实验中，以正硅酸乙酯和氧氯化锆为原料，先将氧氯化锆溶解于无水乙醇中，然后按适合的配比加入正硅酸乙酯，加入硝酸调节 pH 值，室温下搅拌 8～12h 即可得到均匀透明的溶胶溶液。然后将其加入到 AlOOH 溶胶中，加入适量硝酸作催化剂，混合搅拌 2～3h 后即得到复合溶胶。

3.2　涂膜、干燥和焙烧

采用溶胶-凝胶法制备氧化物薄膜的方法很多，如浸渍提拉法、旋涂法、喷涂法以及简单的刷涂法，本实验中采用浸渍法涂膜，浸渍法即采用适当方式使多孔支撑体表面和胶体溶液相接触，在支撑体毛细孔产生的附加压力下，溶胶有进入孔中的倾向，当其中的介质水被吸入孔道时，胶粒流动受阻在表面截留、增浓、聚结，而形成一层溶胶层。

溶胶层通过干燥变为凝胶层，干燥过程是最重要又最困难的一步，条件稍有不当就会导致成膜过程的失败。干燥过程是凝胶体排除溶剂、形成材料结构的过程，这一过程中，由于液相被包裹于固相骨架内，在干燥过程中水分的蒸发伴随体积的收缩，毛细管力是造成这一收缩的驱动力，如果条件控制不当极易引起开裂或翘曲。采用超临界干燥法干燥薄膜也是一种新方法，但超临界干燥工艺要求严格，条件要求高。实验中中采用室温干燥及蒸汽养护干燥方式。

干凝胶向最终材料转变必须通过热处理，通过焙烧可将凝胶层转变成膜。将已有凝胶膜的多孔陶瓷管放入高温电炉中，以一定的升温速率至所需烧结温度，保温 3～4h，通过焙烧可将凝胶层转变成多孔复合陶瓷膜。

3.3　污水过滤实验及结果

在食品和生物技术领域，如牛乳加工、果汁澄清、发酵工业和饮料净化、蛋白质浓缩、微生物分离和细菌过滤、药物消毒等应用中，有许多过程正在采用无机膜，特别是微滤和超滤过程，用途很广。微滤主要用于除菌、澄清和过滤或预过滤。孔径小于 0.1μm 的用于超精密过滤，孔径 0.1～0.45μm 的用于细菌过滤，孔径大于 0.45μm 的用于澄清过滤。

3.3.1　过滤方式

过滤有两种操作工艺：死端过滤和错流过滤。在死端过滤时，溶剂和小于膜孔的溶质在压力的驱动下透过膜，大于膜孔的微粒被截留，通常堆积在膜面上。死端过滤是间歇式的，必须周期性地停下来清洗膜表面的污染层或更换膜。错流过滤时料液平行于膜面流动，与死端过滤不同的是料液流经膜面时产生的剪切力把膜面上滞留的颗粒带走，从而使污染层保持在一个较薄的水平。近年来错流操作技术发展很快，在许多领域有代替死端过滤的趋势[67]。本实验采用错流过滤方式对污水进行过滤。污水的流动方式如图 3-3 所示。

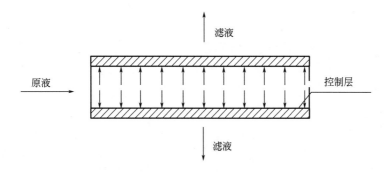

图 3-3　陶瓷膜管的过滤方式示意图

Fig. 3-3　The filtration process of tube-shaped porous ceramic membranes

3.3.2　污水过滤实验结果

对制成的复合膜管进行滤水实验，采用唐山北郊污水处理厂处理后的污水进行试探性试验，结果见表 3-1，由表可看出，复合膜对污水的过滤效果较好。

表 3-1　醇盐法制备的复合膜对污水过滤结果

Table 3-1　Filtration results of reclaimed water by composite membrane pipes using mainly alkoxides materials process

指　标	处理前	未涂膜	二次涂膜	四次涂膜
色度	50	46	42	33
浑浊度	17.1	15.3	14.7	8.1
Fe/mg · L^{-1}	0.09	0.08	0.06	<0.05
氟化物/ mg · L^{-1}	2.14	2.02	1.904	1.5

3.4　膜制备过程及复合膜性能研究

3.4.1　制备 AlOOH 溶胶的影响因素

（1）胶溶剂对 AlOOH 溶胶性能的影响

由于溶胶机理不同，对同一种醇盐进行水解、缩聚和胶溶往往产生不同结构和形态的水解产物，因而选择合适的胶溶剂十分重要，通常向水解产物中加入酸或碱作为胶溶剂，既可以促进水解过程，又可以使胶粒表面吸附 H$^+$ 或者 OH$^-$ 形成双电层，使粒子间产生相互作用，有利于体系的分散和稳定，从而形成稳定的溶胶。

Yoldas 等[86,87]研究了 HCl、HNO$_3$、CH$_3$COOH、H$_2$SO$_4$、HF 对勃姆石（γ-AlOOH）溶胶的胶溶效果，指出前三种都可以使该系统胶溶，但是 H$_2$SO$_4$、HF 不可以[8]，所以加入酸的类型对溶胶的稳定性及其粒径分布有很大的影响。考虑到避免将负离子引入到制成的氧化物膜中，本实验中采用 HNO$_3$ 作为胶溶剂。

酸的加入量对溶胶的稳定性有很大的影响，不同的文献报道的结果不同。周健儿等[88]经过实验认为 R（$R = n_{HNO_3}/n_{Al(C_3H_7O)_3}$；摩尔比）在 0.20～0.26 范围内，所制得的溶胶稳定澄清透明，黏度大小也适中；袁文辉等[89]认为每摩尔醇盐的酸用量最好在 0.03～0.1mol；而王连军[90]则在实验中得出，在不同的水与异丙醇铝的摩尔比（表示为 $n_{H_2O}/n_{Al(C_3H_7O)_3}$，以下类同）下，硝酸与异丙醇铝的摩尔比（表示为 $R = n_{HNO_3}/n_{Al(C_3H_7O)_3}$，以下类同）控制在 0.10～0.18 较为合适。根据廖海达等[91]得到的 pH 值与 ζ 电位的关系图（见图 3-4），当 pH 值在 4.5 时 AlOOH 胶体粒子最稳定。

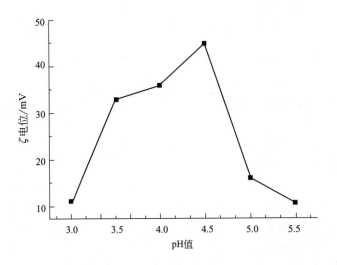

图 3-4　pH 值和 AlOOH 胶体的 ζ 电位关系[91]

Fig. 3-4　Relation between pH value and ζ potential

本实验中，综合考虑各种因素，研究加入不同的硝酸量将 pH 值控制在 3.5～5.5 之间时，溶胶的性能变化。保持其他实验条件不变（$n_{H_2O}/n_{Al(C_3H_7O)_3}$＝83mol/mol，水解温度 87℃，老化时间 20h）。

在不同酸度下，即不同的硝酸与异丙醇铝的摩尔比（$R = n_{\mathrm{HNO_3}} / n_{\mathrm{Al(C_3H_7O)_3}}$）时，勃姆石溶胶的透明度及稳定性见图 3-5。

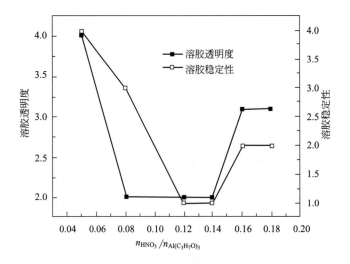

图 3-5　R 对 AlOOH 溶胶性能的影响

Fig. 3-5　The influence of R on the property of AlOOH Sol

对于溶胶透明度 1.0＝透明（clear），5.0＝不透明
（very cloudy）；对溶胶稳定性 1＝稳定，4＝不稳定

由图 3-5 可以看出，综合考虑溶胶透明度和稳定性的影响，R 控制在 0.10～0.14 范围内，所制得的溶胶稳定、澄清，试验中，当 $R < 0.08$ 时，勃姆石沉淀不能完全被胶溶，试验中容器底部有一层白色沉淀；当 $R > 0.14$ 时，制出的溶胶不稳定、易胶凝。

分析其原因，当向勃姆石沉淀中加入硝酸时，H^+ 被吸附在粒子表面，NO_3^- 则在液相中重新排布，从而在粒子表面形成双电层 ［图 3-6(a)］。双电层的存在使粒子间相互排斥，当排斥力大于吸引力时，聚集的粒子就分散成小粒子，形成溶胶。如果硝酸加入量不足（$R < 0.08$），排斥力不足以克服粒子间的吸引力，沉淀物就不能被彻底胶溶，从而在溶胶中残留未胶溶的白色沉淀随着硝酸添加量增加到一定值时，胶粒会处于等电状态 ［图 3-6(b)］如果硝酸添加量过多（$R > 0.14$），胶粒表面的电荷密度增大，液相中的 NO_3^- 浓度也增加，这样反而压缩双电层 ［图 3-6(c)］，使胶粒间排斥力变小，溶胶变得不稳定，易发生团聚。

通过实验，可以看出，硝酸用量对溶胶性能有很大的影响，如果计算出硝酸的临界聚沉浓度，就可以大致确定出硝酸的最大加入量，对试验的进行有较好的指导作用。

吸附层　扩散层

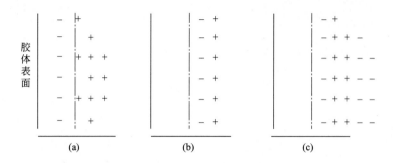

图 3-6　$n_{HNO_3}/n_{Al(C_3H_7O)_3}$ 对胶体粒子双电层影响

Fig. 3-6　The influence of $n_{HNO_3}/n_{Al(C_3H_7O)_3}$ mol ratio on double

electrode layer of colloid particles

（a）R 控制在 0.10～0.14 时稳定胶粒的双电层示意图

（b）HNO$_3$ 加入到一定值时，胶粒处于等电状态时示意图

（c）$R>0.14$ 时，胶粒双电层示意图

根据 DLVO 理论，胶粒受到双电层斥力 $\left(\varepsilon_{斥}=\dfrac{64n_0kTr_0^2}{n}e^{-nx}\right)$ 和长程范德华引力 $\left(\varepsilon_{引力}=\dfrac{H}{12\pi x^2}\right)$ 两种作用。为方便起见，以平板状粒子为例，粒子间的净作用位能为：

$$\varepsilon_{净}=\frac{64n_0kTr_0^2}{n}e^{-nx}-\frac{H}{12\pi x^2} \qquad (3-1)$$

式中，x 为粒子间距；n_0 为电解质浓度；k 为玻耳兹曼常数；T 为热力学温度；r_0 为与固体表面电位和温度有关的函数；$1/n$ 为扩散双电层有效厚度；H 为哈马克常数[5]。

当 x 趋向于 0 时，$\varepsilon_{斥}$ 接近于一个常数，而吸引力变为无穷大，加入电解质，当电解质浓度较低时，总是电层斥力占优势[5]，导致胶体粒子具有很高的位能势垒足以阻止胶粒靠近；再加入适量电解质，当位能曲线的最大值正好相当于零点处，此时电解质的浓度应当为聚沉该溶胶所需的最少数量，称为临界聚沉浓度；当电解质的浓度大于临界聚沉浓度时，位能曲线的最大值小于 0，此时随着 HNO$_3$ 加入量的进一步增加，无论在何距离，范德华长程引力皆起主导作用，于是胶粒自动聚结。

可以假设实验中形成的勃姆石胶体粒子为平板状，则对于以硝酸为电解质的勃姆石胶体粒子，计算其临界浓度如下。

根据 $\varepsilon_{净}=0$，以及 $d\varepsilon_{净}/dx=0$，有：

$$\frac{64n_0kTr_0^2}{n}e^{-nx}=\frac{H}{12\pi x^2} \qquad (3\text{-}2)$$

$$64n_0kTr_0^2e^{-nx}=\frac{H}{6\pi x^3} \qquad (3\text{-}3)$$

可以计算出 $x=2n^{-1}$，将其代入式(3-2)中，则有：

$$\frac{64kTr_0^2n_0}{n}e^{-2}=\frac{H}{12\pi(2n^{-1})^2} \qquad (3\text{-}4)$$

$n=\left(\dfrac{8\pi MNz^2e^2}{1000DkT}\right)^{1/2}$，$n_0=\dfrac{MN}{1000}$，且当表面电位很大时，$r_0$ 作为一级近似可忽略，$r_0\approx 1$，代入式(3-3)，得临界聚沉浓度的计算公式如下：

$$M=\frac{2.64\times10^4\times D^3k^5T^5}{NH^2e^6Z^6} \qquad (3\text{-}5)$$

代入玻耳兹曼常数 $k=1.38\times10^{-23}$ J・K^{-1}，阿伏伽德罗常数 $N=6.02\times10^{23}$ mol^{-1}，$e=1.6\times10^{-19}$ C，有：

$$M=1.308\times10^{-21}\frac{D^3T^5}{H^2Z^6} \qquad (3\text{-}6)$$

式中，D 为电解质的介电常数；T 为热力学温度；H 为哈马克常数；Z 为电解质离子价数。

由此可以看出，如果知道电解质溶液的介电常数 D、分散相的哈马克常数 H 和电解质的离子价数 Z，就可以根据式(3-6)计算出电解质的临界聚沉浓度，从而对胶溶剂的加入量有一个初步的控制界限，以利于实验的进行。

在本实验中，可以取 $T=360$K，$D=59.55\times8.854\times10^{-15}$ s^4・A^2・kg^{-1}・dm^{-3}，$H=3.6\times10^{-20}$ J，$Z=1$，将数据代入式(3-6)，得：

$$M(\text{理论})=0.093\text{mol}\cdot\text{L}^{-1}$$

根据试验中的数据 $R=0.14$ 和 H$_2$O/Al$=1500$mL/mol，计算得：

$$M(\text{试验})=0.14/1.5=0.09\text{mol}\cdot\text{L}^{-1}$$

由计算结果可见，理论计算结果与实验数据吻合得较好。

(2) 水铝比 ($V_{\text{H}_2\text{O}}/n_{\text{Al}(\text{C}_3\text{H}_7\text{O})_3}$) 对 AlOOH 溶胶性能的影响

胶体凝胶法是加入过量水使醇盐充分水解的条件下进行的。在制备勃姆石 (γ-ALOOH) 溶胶的时候，水的加入量也是一个影响溶胶质量的一个很重要的因素，水的加入量直接对胶体黏度、胶体粒子的直径和溶胶的胶凝时间有影响。图 3-7 和图 3-8 表示了水的加入量对这些性质的影响情况 ($n_{\text{HNO}_3}/n_{\text{Al}(\text{C}_3\text{H}_7\text{O})_3}$ 为 0.12，水解温度 87℃，老化时间为 24h)。

由图 3-7 和图 3-8 可以看出，加水量少会造成黏度增加，胶凝时间缩短，这是因为醇盐水解缩聚的产物在加水量减少时会增加水解醇盐分子的接触时机，从而增加失水缩聚和失醇缩聚的机会，产生高度交联的产物，使溶胶粒度变大，胶凝时间变短；反之，加水量增加时，水冲淡了缩聚物浓度，黏度

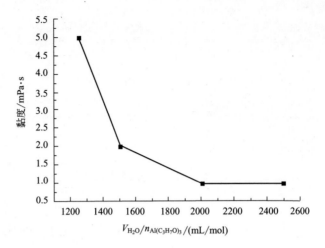

图 3-7 $V_{\mathrm{H_2O}}/n_{\mathrm{Al(C_3H_7O)_3}}$ 对黏度的影响

Fig. 3-7 The influence of $V_{\mathrm{H_2O}}/n_{\mathrm{Al(C_3H_7O)_3}}$ on viscosity

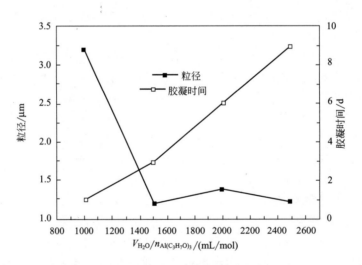

图 3-8 $V_{\mathrm{H_2O}}/n_{\mathrm{Al(C_3H_7O)_3}}$ 对粒径和胶凝时间的影响

Fig. 3-8 The influence of $V_{\mathrm{H_2O}}/n_{\mathrm{Al(C_3H_7O)_3}}$

on particle size and gelation time

下降，胶凝时间延长；加水量过多，使凝胶的干燥收缩和干燥应力增加，并使干燥时间延长。

（3）水解温度对 AlOOH 溶胶性能的影响

水解温度影响水解产物的相变化，从而影响溶胶的稳定性，随着温度的升高，质点运动能力升高，单位时间内的行程增加，质点之间的碰撞概率增加，因此质点之间碰撞、凝聚、长大，水解反应速度加快，但同时作为胶溶剂的硝酸容易被氧化，以致合成粒子的平均粒径变大；温度过低，溶液蒸发时间长。制备过程中，改变水解温度而保持其他制备条件不变，制得一系列不同流变特性和不同物理化学性质的溶胶，结果见表 3-2。

表 3-2　水解温度对 AlOOH 溶胶性质的影响
Table 3-2　Influnce of hydrolysis temperature on AlOOH sol properties

温度/℃	60	75	85	90	94	98
溶胶稳定性	沉淀	不稳定	稳定	稳定	稳定	不稳定
溶胶透明度	5	4	2	1	1	2

注：$n_{H_2O}/n_{Al(C_3H_7O)_3} = 80 \sim 120 mol/mol$，老化温度为 90℃，1 表示透明（clear），5 表示不透明（very cloudy）。

由表 3-2 可以看出，水解温度低于 85℃时，得不到稳定的溶胶。因为当异丙醇铝水解时候，只有生成单羟基结构才有可能解胶得到透明的溶胶，而其他二羟基或三羟基形式的均会生成絮状产物，不容易解胶[90]。文献[58]中报道异丙醇铝在温度低于 70℃水解时，水解产物除 γ-AlOOH 外，还有 β-Al(OH)$_3$ 生成，而水解温度超过 70℃时，产物为 γ-AlOOH。本实验中根据表 3-2 认为此温度为 85℃，即：

高于 85℃　$Al(OR)_3 + 2H_2O \longrightarrow AlOOH(晶态) + 3ROH$

低于 85℃　$Al(OR)_3 + 2H_2O \longrightarrow AlOOH(无定形) + 3ROH$

晶态 AlOOH 在老化过程中不发生相变化，但无定形 AlOOH 在低于 85℃的水溶液中会转变为三水铝石：

$$AlOOH(无定形) + H_2O \longrightarrow Al(OH)_3(晶态)$$

由于醇盐的水解是吸热反应，故提高它的水解温度有助于加快水解速率。但实验中发现当温度达到 94℃以上时候，反而有不良影响。可能是由于温度太高会造成生成物的络合，生成不易胶溶的聚合物，从而会降低溶胶的稳定性。

（4）水解时间对 AlOOH 溶胶性能的影响

在许多文献中[26,39,40]，水解时间对制得溶胶性能的影响情况并没有被仔细研究过，本研究发现水解时间的长短对于溶胶的质量有较大的影响（见表 3-3），适量地增加水解段时间，可以减少老化时间，提高溶胶的稳定性，可以减少酸的加入量，增加溶胶的透明度。

由表 3-3 可知，将水解时间控制在 4h 左右时，老化时间只需要 10h，这比前面提到的文献中所用的十几小时至几十小时缩短了很多，也成为减少溶胶-凝胶法制膜周期的有效途径之一。

41

表 3-3　不同水解时间对 AlOOH 溶胶性能的影响
Table 3-3　Influnce of various hydrolysis time on AlOOH sol properties

水解时间/h	老化时间/h	稳定性	溶胶透明度
1	≥24	不稳定	4
2	24	不稳定	3
3.5	12	稳定	2
4	10	稳定	1
4.5	10	稳定	2
5	8	不稳定	3
5.5	10	不稳定	3
6	12	不稳定	4

注：溶胶透明度 1＝透明（clear），5＝不透明（very cloudy）；水解温度 87℃；$n_{HNO_3}/n_{Al(C_3H_7O)_3}$ 控制在 0.10～0.15 范围。

异丙醇铝水解过程中发生的反应如下：

$$Al(OC_3H_7)_3 + H_2O \longrightarrow Al(OC_3H_7)_2(OH) + C_3H_7OH$$

$$Al(OC_3H_7)_3 + nH_2O \longrightarrow Al(OH)_n(OC_3H_7)_{3-n} + nC_3H_7OH$$

水解反应的同时会发生聚合反应：

$$2Al(OC_3H_7)_2(OH) \longrightarrow (C_3H_7O)_2\text{-}Al\text{-}O\text{-}Al\text{-}(C_3H_2O)_2 + H_2O$$

$$Al(OC_3H_7)_3 + Al(OC_3H_7)_2OH \longrightarrow (C_3H_7O)_2\text{-}Al\text{-}O\text{-}Al\text{-}(C_3H_2O)_2 + C_3H_7OH$$

由上述反应式可见，在反应过程中不断会生成异丙醇。文献中报道[89]，在 85℃ 热水中制备 AlOOH 溶胶时，发现随水解残留异丙醇量的不同，水解产物的胶溶时间和胶粒大小有所不同，将异丙醇完全除去，得到的胶粒最小，在较短时间可以得到稳定透明的溶胶。上述文献的实验过程大都为敞口蒸发 1h 使醇类充分蒸发[26,39~40]，开始加入硝酸进行胶溶，需要老化几十小时。根据表 3-3，水解时间较短时（<2h），胶溶时间长达 24h。分析其原因，当水解时间短时（< 2h），容器中蒸发出的只是用于溶解异丙醇铝中的部分异丙醇，而水解过程中反应生成的异丙醇并没有被挥发出去。生成的异丙醇有可能会同水解产物缔合生成络合物，会阻碍缩聚过程，而且酸对水解产物的胶溶作用在异丙醇的隔离作用下会减小，使得老化时间延长。若延长水解时间，反应生成的异丙醇才可能完全挥发掉，就会缩短老化时间。但是反应时间过长，会造成生成物的络合，也不利于胶溶过程的进行。

（5）老化时间和老化温度对 AlOOH 溶胶性能的影响

老化过程是以一定方式向胶体提供能量，使胶体的分散与聚集尽快地达到相对稳定的平衡，从而使胶体具有单一的粒度分布。制备过程中以老化时间和温度为变量，研究对溶胶稳定性的影响。所得实验结果见表 3-4。由表可见，当老化温度在 87℃，老化时间控制在 12h 即可得到稳定的勃姆石溶胶，而老化温度再提高时，对溶胶的稳定性影响不大。

表 3-4　老化时间和温度对 AlOOH 溶胶的性能影响
Table 3-4　Influnce of aging time and temperature on AlOOH properties

温度/℃	75		87		92	
时间/h	24	36	12	18	12	16
稳定性	不稳定	不稳定	稳定	稳定	稳定	稳定
备注	水解温度 92℃					

3.4.2　制备 SiO$_2$-ZrO$_2$ 溶胶的影响因素

（1）溶剂对 SiO$_2$-ZrO$_2$ 溶胶性质的影响

① 溶剂种类对 SiO$_2$-ZrO$_2$ 溶胶性能的影响　氧氯化锆及正硅酸乙酯（TEOS）可以溶于水中，也可以溶于无水乙醇中。下面分别研究不同溶剂对 SiO$_2$-ZrO$_2$ 溶胶性能的影响。

使正硅酸乙酯：水（摩尔比）＝n_{TEOS}：n_{H_2O}＝1：7 或正硅酸乙酯：无水乙醇（摩尔比）＝n_{TEOS}：n_{EtOH}＝1：8 的条件下，改变原料的比例和溶剂种类，以玻璃为支撑体涂膜，所得实验结果见表 3-5。

表 3-5　乙醇和水做溶剂对 SiO$_2$-ZrO$_2$ 溶胶性能影响
Table 3-5　Influnce of using water and ethanol as impregnant for SiO$_2$-ZrO$_2$ sol properties

序号	溶剂组成 ZrO$_2$（摩尔比）/%	乙醇				水			
		胶凝时间/h	干燥时间/min	干燥后是否开裂	溶胶颜色	胶凝时间/h	干燥时间/min	干燥后是否开裂	溶胶颜色
1	16.7	搅拌中胶凝			浅绿	5×24	30	部分开裂	无色
2	20.0	搅拌中胶凝			浅绿	8×24	39	局部开裂	无色
3	25.0	10	20	部分开裂	浅绿	20×24	20	局部开裂	无色
4	33.3	48	35	小部分开裂	浅绿	28×24	16	开裂	无色
5	50.0	结晶成雪花状晶体	25	小部分开裂	浅绿	37×24	20	局部开裂	无色
6	60.0	16×24	35	微小部分开裂	无色	15×24	25	部分开裂	无色
7	66.7	17×24	25	几乎无开裂	无色	23×24	12	部分开裂	无色
8	75.0	22×24	39	几乎无开裂	无色	25×24	20	小部分开裂	无色

由表 3-5 可见，由于用水作溶剂制得的溶胶黏度小，致使胶凝时间过长，最

长达 37 天之久, 开裂较严重, 且不容易控制, 加水量过多可能造成的溶胶结构不均匀。而用无水乙醇作溶剂时, 如果控制合适的化学组成, 会得到性能稳定、黏度适中的溶胶。

当水作为溶剂时, 氧氯化锆溶于水中形成锆的水溶液, 正硅酸乙酯发生水解缩聚反应时, 水量过多, 会冲淡缩聚物的浓度, 使得黏度下降, 胶凝时间延长, 而且由于形成凝胶时凝胶内会包含大量的水, 干燥时会引起凝胶干燥应力的增加同时伴随大量的体积收缩, 使膜容易开裂。

而用乙醇作为溶剂时, 乙醇分子中的羟基能够与水分子产生缔合作用并吸附在胶粒表面, 形成较为稳定的缔合溶剂化层, 从而降低了溶胶粒子与溶剂介质间的界面张力, 增强了溶胶体系的稳定性[92~96]。

② 溶剂用量对 SiO_2-ZrO_2 溶胶性质的影响　反应中的产物乙醇不仅作为溶剂与水和无水乙醇互溶, 它还参与酯化和醇解反应, 如果无水乙醇的加入量过多, 将会延长水解和胶凝时间。这是因为水解反应是可逆的, 醇是醇盐水解产物, 对水解有抑制作用, 而且醇的增加必然导致醇盐浓度下降, 使已水解的醇盐分子之间碰撞概率下降, 因而对缩聚反应不利, 但如果无水乙醇的加入量过少, 醇盐浓度过高, 水解缩聚产物浓度过高, 也容易引起粒子的聚集或沉淀。无水乙醇加入量对溶胶性能的影响见图 3-9。由图 3-9 可见当 $n_{C_2H_5OH}/n_{ZrOCl_2}$ 比值控制在 40~50 左右时可以获得粒径较小、黏度适中的溶胶。

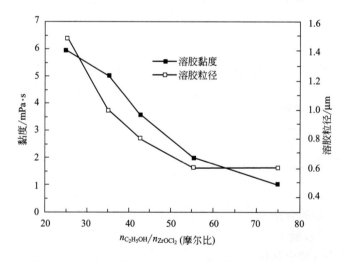

图 3-9　乙醇加入量对 SiO_2-ZrO_2 溶胶粒径和黏度的影响

Fig. 3-9　Influnce of ethanol on particle size and viscosity of SiO_2-ZrO_2 sol

（2）化学组成对 SiO_2-ZrO_2 溶胶性能的影响

以无水乙醇作溶剂, 保持 $n_{TEOS}:n_{H_2O}:n_{EtOH}=1:7:8$; 改变溶胶的化学组成, 将制得的溶胶倒入试管中观测胶凝时间, 以玻璃为载体, 将其涂敷在玻璃片上涂覆后观测干燥并测定其干燥时间。其他实验条件为：溶液 pH 值在 2 左右；水浴温度 50℃；水浴时间 60min。测得的溶胶的性能如表 3-6 所示。

表 3-6　化学组成对 SiO₂-ZrO₂ 溶胶性能的影响
Table 3-6　Influnce of composition on SiO₂-ZrO₂ sol properties

ZrO₂（摩尔分数）/%	胶凝时间/d	干燥时间/min	开裂情况	黏度/mPa·s	颜色
86.7	搅拌中胶凝				无色
80.8	搅拌中胶凝				无色
75	10	28	有大量气孔且有针状晶体	1.3	无色
63.3	10	30	大部分开裂	1	无色
50	37	25	大部分无开裂	1.5	浅绿色
40	形成晶体	49	很小一部分开裂	2.4	浅绿色
33.3	形成晶体	35	几乎无开裂	4.5	浅绿色
31.3	5	25	很小一部分开裂	5.8	无色
30.8	4	30	很小一部分开裂	7.0	无色
30.3	4	29	几乎无开裂	8.5	无色
29.8	3	30	几乎无开裂	9.2	无色
29.4	1	25	几乎无开裂	9.2	无色
29	1	25	几乎无开裂	9.5	无色
28.9	1	30	几乎无开裂	10	无色
28.6	搅拌中胶凝				
27	搅拌中胶凝				
26.7	搅拌中胶凝				

由表 3-6 可知 ZrO₂ 与 SiO₂ 的摩尔比对溶胶性能有如下影响规律。

① 当氧化锆的含量等于或小于 28.6% 时，制得的溶胶黏度很大，甚至在搅拌过程中就已经胶凝了。

② 当复合溶胶中氧化锆的含量大于 30.3% 时，制得的溶胶黏度很小，虽然涂膜干燥后开裂较少，但是溶胶的胶凝时间很长，达 4 天以上；粒径较大。

③ 当氧化锆的含量处于 28.9%～30.3% 之间时，制得的溶胶胶凝时间在 1～3 天，且黏度适中。

在溶液中，正硅酸乙酯和氧氯化锆共同发生水解反应，因为氧氯化锆水解反应相对来说比较剧烈，并且水解的氧氯化锆和水解的正硅酸乙酯发生交错的缩聚反应，形成交联度高的网络状的溶胶，随着氧氯化锆的含量增多，形成溶胶的交联度增大。此复合体系形成凝胶的机理如下。

正硅酸乙酯在催化剂的作用下首先发生水解，部分 C$_2$H$_5$O 基被水中的 —OH 置换，生成乙氧基硅醇 (C$_2$H$_5$O)$_{4-n}$Si(OH)$_n$ 其反应方程如下：

$$(C_2H_5O)_4Si+nH_2O=(C_2H_5O)_{4-n}Si(OH)_n+nC_2H_5OH \quad (n=1,2,3,4)$$

氧氯化锆溶解于乙醇中，形成锆的醇溶液，锆的醇盐水解反应如下：

$$(C_2H_5O)_4Zr+nH_2O=(C_2H_5O)_{4-n}Zr(OH)_n+nC_2H_5OH \quad (n=1,2,3,4)$$

金属醇盐在水解的同时均会发生聚合反应，逐渐形成聚合物粒子，生成稳定的溶胶。颗粒进一步交联组成三维网络结构而生成凝胶。硅醇盐的缩聚反应为[96]：

$$R—Si(OH)_3 + H^+ \longrightarrow R—Si—(OH)_2$$

$$R—Si—(OH)_2 + RSi(OH)_3 \longrightarrow R—Si—O—Si—R + H_3O$$

但这些聚合物还可能发生 Si—OH 键的重新分配，或二聚体转变为三聚体（图 3-10）。

锆醇盐的聚合反应为：

$$(C_2H_5O)_{4-n}Zr(OH)_n+(OH)_nZr(C_2H_5O)_{4-n} \longrightarrow$$
$$(C_2H_5O)_{4-n}\text{-}Zr\text{-}O_n\text{-}Zr\text{-}(C_2H_5O)_{4-n}+nH_2O$$
$$Zr(C_2H_5O)_n+(OH)_nZr(C_2H_5O)_{4-n} \longrightarrow$$
$$(C_2H_5O)_{(4-n)/2}\text{-}Zr\text{-}O_n\text{-}Zr\text{-}(C_2H_5O)_{(4-n)/2}+nC_2H_5OH$$

在醇盐-醇-水的体系中，水解和缩聚同时进行，直到反应基团 ≡M—OR 和 ≡M—OH 其中之一耗尽为止。由于实验中采用无水乙醇作为氧氯化锆的溶剂，当复合溶胶中氧化锆的含量大于 30.3% 时，无水乙醇的含量较多，水解缩聚反应进行得较为彻底，会冲淡水解缩聚物的浓度，使溶胶黏度下降，凝胶化时间延长，干燥时由于凝胶孔内残留的乙醇量较多，挥发时变化较为剧烈，就造成了不同程度的开裂。

当复合溶胶中的氧化锆含量小于 28.9% 时，TEOS 的水解产物较多，单硅酸分子中的 Si 原子没有满足 6 配位，存在聚合趋势。特别当存在—OH 时，不同分子中的硅原子通过—OH 发生聚合，生成二聚物、三聚物，胶体粒子就相互连接在一起，即通过粒子之间失水生成的 Si—O—Si 键结合起来，形成了连续的三维网状结构。这种网状结构包住了全部液体，使胶体体系逐渐变得黏滞，失去

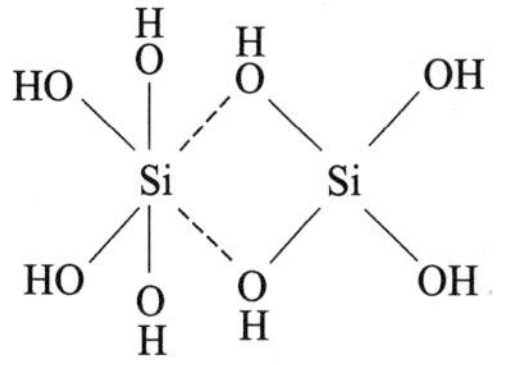

H$_4$SiO$_4$—H$_4$SiO$_4$

H$_4$SiO$_4$—H$_4$SiO$_4$—H$_4$SiO$_4$

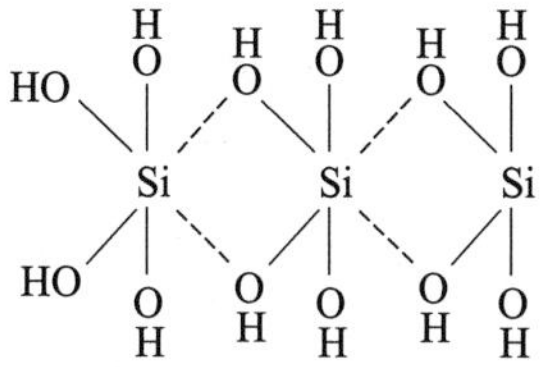

图 3-10　正硅酸乙酯水解产物的聚合物示意图[94]

Fig. 3-10　Polymer of TEOS hydrolysis products

了流动性，最终形成了半固体状的凝胶。

3.4.3　制备 AlOOH-SiO$_2$-ZrO$_2$ 溶胶的研究

（1）复合溶胶的胶团结构

单纯 AlOOH 溶胶是由片状晶粒组成的分散体系，胶团结构如图 3-12(a) 所示；+3 和 +4 价离子在稀溶胶中趋于形成小的粒子，Zr^{4+} 在溶胶中起初形成环状的 Zr$_4$(OH)$_{16}$(H$_2$O)$_8$，其结构示意图如图 3-11 所示，进一步浓缩形成较大的聚合离子[58~59]，胶团结构如图 3-12(b) 所示。

正硅酸乙酯的水解产物为 Si—O 链组成的聚合物，质点上的电荷都是表面基团电离的结果，不能用固定的胶团结构式表示出来，其结构示意图如图 3-13 所示。

对复合的 AlOOH-SiO$_2$-ZrO$_2$ 溶胶的稳定性分析，经查阅有关资料，可知在 pH 值为 3.4～4.5 时，勃姆石胶粒表面带正电荷；正硅酸乙酯的水解产物为硅醇，表面不带电；氧化锆的等电点为 4.9，在此条件下，氧化锆胶粒表面也带正电荷。胶粒表面呈电中性时的 pH 值称为零电点（PZC），当 pH>PZC 时，胶粒表面带负电荷；反之，则带正电荷。带电胶粒周围的溶剂中由等量的反电荷形成扩散层。相邻胶粒的扩散层重叠产生推斥力，此外，胶粒间相互作用还有分子间范德华引力和由表层价电子重叠引起的短程玻恩斥力。从静电稳定机制来分析，当两种带相同电荷的胶体相互靠近时，由于相互排斥，复合溶胶的粒子不会发生

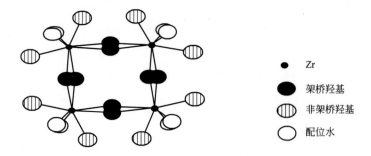

图 3-11　氢氧化锆的结构[63]

Fig. 3-11　Structure of zirconium hydroxide[63]

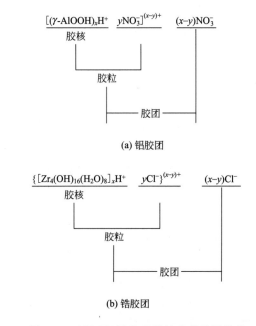

(a) 铝胶团

(b) 锆胶团

图 3-12　AlOOH 溶胶和锆溶胶的胶团结构

Fig. 3-12　Micella structure of AlOOH and zirconic sol

聚沉而稳定存在。此外，由于整个体系中勃姆石与氧化锆的摩尔比为（8～10）：1，因此氧化锆胶粒的加入对复合溶胶的 ζ 电位影响不大。

　　从空间位阻理论来分析，由于在复合溶胶体系中，加入了高分子聚合物聚乙烯醇（PVA），加入的高聚物在胶粒周围形成一层保护层，其长链延伸到介质中，当胶粒靠近时，彼此的吸附层不能互相穿透，因此，对每一吸附层都造成了空间限制，聚合物链可能采取的构型数减小，构型熵降低。熵的降低引起自由能增加排斥作用，起到了稳定胶粒的作用。在静电排斥和位阻效应的协同作用下，

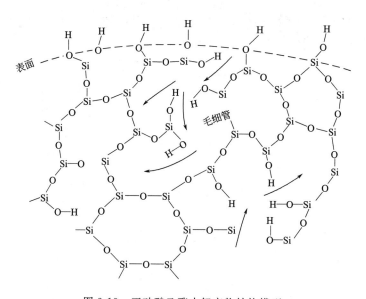

图 3-13　正硅酸乙酯水解产物结构模型

Fig. 3-13　Structure model of the hydrolyze of TEOS

有效地阻止了胶粒间的团聚。

（2）化学组成对 AlOOH-SiO₂-ZrO₂ 溶胶性能的影响

化学组成不同时，得到的复合溶胶的性能也不同，控制 SiO₂-ZrO₂ 溶胶中 ZrO₂ 的摩尔分数为 30.3%，改变 AlOOH 的含量，制备出的不同溶胶的性能见表 3-7。

由表 3-7 可以看出，AlOOH 的含量在 70.8%～78.4% 之间时得到的溶胶稳定，胶凝时间适宜，胶粒直径较小，而且澄清度较好。并且，随 AlOOH 含量的增加，复合溶胶的胶凝时间延长。

采用分形理论来解释上述现象。硅醇盐缩聚形成含有 Si-O-Si 链结构的有机聚合物，这种聚合物在适当条件下继续聚合形成网络结构，一定条件下这种网络结构往往具有质量分形性，在水溶液条件下，高 pH 值和高温有利于紧密、颗粒状的结构生成，而在酸性条件和低温下，会导致疏松、伸展结构的形成，这种分形结构可能通过 RLCA 模型形成。当 Al₂O₃ 的含量较低时，复合溶胶生长时，体系中 ZrO₂ 并非以分散的颗粒存在，而是由许多极小的胶粒相互连接并聚合而成网络状。并且 TEOS 的水解缩聚产物也是具有支链的或三维空间网络状。因此在复合溶胶中，它们将穿插在 AlOOH 胶粒之间，也起到阻止其结晶的作用，如图 3-14 所示。溶胶生长为凝胶时服从 RLCA 模型。根据此模型，体系的结构较为紧密，所以溶胶生长形成凝胶的时间短，体系容易胶凝。

表 3-7　化学组成对 AlOOH-SiO$_2$-ZrO$_2$ 溶胶性能的影响

Table 3-7　Influnce of composition on AlOOH-SiO$_2$-ZrO$_2$ sol properties

编号	Al$_2$O$_3$（摩尔分数）/%	粒径/μm	胶凝时间/h	稳定性	溶胶透明度
1	37.7	3	8	易胶凝	4
2	54.8	2	10	易胶凝	4
3	60.2	1.6	15	易胶凝	4
4	64.5	1.6	16	稳定	3
5	68.0	1.2	16	稳定	4
6	70.8	0.8	19	稳定	3
7	73.2	0.8	22	稳定	2
8	75.2	0.8	24	稳定	2
9	76.9	0.8	26	稳定	2
10	78.4	0.7	28	稳定	2
11	80.0	1.1	32	稳定	3
12	90.6	1.8	36	稳定	3

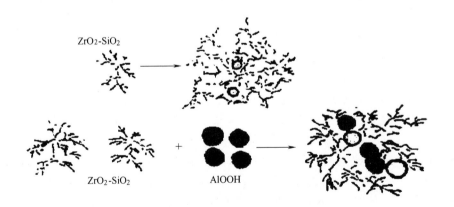

图 3-14　复合溶胶生长示意图

Fig. 3-14　Growth of composite sols

若复合溶胶体系中的 AlOOH 粒子数量占绝对多数，则会以 DLCA 模型生长。在此模型中，许多的粒子被随机地分布在二维或三维的格点位置上，这些粒子都处于随机行走（布朗运动）状态。当相邻的格点被随机行走的粒子占据后，这些粒子形成一个联合体，然后，该联合体作为一个单位再随机运动。这样不断地继续下去，联合体就会像滚雪球那样越来越大，当达到某一尺度时，令其停止随机运动，最终得到的聚集体将是一种更加开放、没有明显中心的结构。如图 3-15 所示，图中所形成的集团都呈分枝状，很不均匀，说明粒子进入集团内部的概率比起粒子吸附于集团表面的概率要小得多。体系结构松散，所以溶胶生长成为凝胶所需时间较长。

图 3-15　DLCA 生长模型

Fig. 3-15 Growth model of DLCA[70]

（3）浓度对 AlOOH-SiO$_2$-ZrO$_2$ 溶胶性能的影响

溶胶的浓度对溶胶的胶凝时间、溶胶透明度和溶胶粒径均会产生影响，具体情况如图 3-16 和图 3-17 所示。浓度和胶凝时间有直接的联系，浓度大的溶胶其胶凝时间较短，浓度小的溶胶胶凝时间相对较长；同时，浓度还会影响溶胶的稳定性，浓度越高稳定性越差，浓度过大时不利于涂膜，使涂膜厚度不均匀，表面

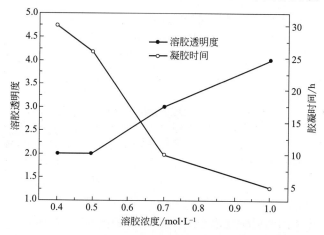

图 3-16　AlOOH 溶胶浓度对胶凝时间和溶胶透明度的影响

Fig. 3-16　Influnce of AlOOH sol concentration

on gelling time and sol-clarity

粗糙，干燥或烧制时易出现裂纹；另外，浓度增大，溶胶透明度变差。由图 3-16可见，浓度控制在 0.4～0.5mol/L 时溶胶性能最好。

由图 3-17 可见，浓度对粒径有较大影响。浓度过高时，由于胶粒的团聚效应，得不到粒径小的稳定溶胶；浓度过小时，不利于涂膜干燥和灼烧，容易使制品产生裂纹。综合考虑，选取浓度为 0.5mol/L 为最佳制备条件之一。

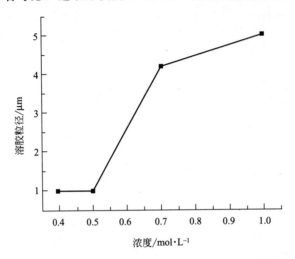

图 3-17　溶胶浓度对粒径的影响

Fig. 3-17　Influnce of sol concentration on particle size

3.4.4　成膜分析

（1）膜支撑体材料预处理对成膜的影响

涂膜所用多孔陶瓷管支撑体由唐山市特种陶瓷厂提供，其气孔率及孔径分布如表 3-8 所示。由表 3-8 及图 3-18(a) 可见，实验中所采用的多孔陶瓷管气孔率均在 40% 左右，管内部孔隙分布均匀，且平均孔径在 $4\mu m$ 范围，符合成膜要求。

表 3-8　陶瓷管预处理前后的气孔率及孔径
Table 3-8　The porosity and pore-diameter of porous ceramic pipe before/after cleanning

编　号	气孔率/%	中值孔径/μm	总孔面积/$m^2 \cdot g^{-1}$
处理前	40.58	4.265	4.305
处理后	43.35	4.671	4.366

将作为支撑体的陶瓷管浸泡于 5% 的稀盐酸中 24h，再用蒸馏水冲洗，然后在干燥箱中 80℃干燥 24h，600℃焙烧 2h。

支撑体通过盐酸浸泡，可使吸附在其表面的杂质得以清除。处理后支撑体的孔隙率、中值孔径和总孔面积略有增加；各温度下的膨胀系数都有所降低，尤其是低温下的膨胀系数降低幅度很大，如表 3-9 所示，这样可减少因坯体膨胀而导致的薄膜开裂。

表 3-9　陶瓷管预处理前后的膨胀系数
Table 3-9　Expansion coefficient of porous ceramic pipe before/after cleanning

温度/℃	100	200	300	400	500	600	700	800
膨胀系数 $\alpha \times 10^{-6}$/℃	8.041	10.152	9.274	8.825	8.528	8.938	8.862	8.798
处理后 $\alpha \times 10^{-6}$/℃	6.790	8.757	8.514	8.376	8.215	8.497	8.394	8.261

陶瓷管表面不能粗糙或是存在杂质，否则用作涂膜时，会使膜和支撑体之间产生内部应力，使膜厚不均，易脱落，有缺陷，产生裂纹等，且在焙烧过程中，杂质会发生炭化，产生黑斑，影响膜的孔隙结构及纯度，因而陶瓷管的预处理是成膜质量的重要保证。

（2）膜材料与膜管材料的热膨胀系数匹配

实验结果表明在 α-Al$_2$O$_3$ 瓷管上成膜效果较好，原因可能是溶胶成分中主要为 γ-Al$_2$O$_3$，晶相与基体中的成分 α-Al$_2$O$_3$ 属同质多晶，结构等物理性质虽不同，但具有相似的化学性质。用 α-Al$_2$O$_3$ 作膜管基体，因其与 γ-Al$_2$O$_3$ 同质，热膨胀系数均约为 8.8×10^{-6}K^{-1}，在加热冷却过程中，相同的热膨胀系数不易产生开裂。因此，膜与基体结合较好。研究中发现成膜和基体不仅与表面的光洁程度等物理性质有关，还与基体的化学组成有关。

（3）重复浸渍-干燥-焙烧过程对成膜的影响

对于溶胶-凝胶法的成膜机理，一种观点认为是在陶瓷管浸渍过程中，通过基底孔的毛细作用，溶剂流入干燥的多孔支撑体微孔中，而溶胶颗粒停留在微孔外口，溶胶胶粒的大小要与载体孔径的大小相匹配，胶粒才能在孔口聚集浓缩形成膜[97]；另一种观点认为要使焙烧过程的膜固定在载体上，溶胶粒子必须部分渗透到载体的孔内[98]；由于所用基底孔径较大，当进行第一次涂膜时，必然会有部分溶胶渗透到载体的孔内，形成基底与膜层之间的结合层，根据第二种观点，这样会增强膜和载体间的结合程度。

在往基底陶瓷管上负载膜的过程中，实验发现只经过一次浸渍-干燥-焙烧过程是不能在表面得到一层完整的膜的，往往需要经过多次重复该过程才能在表面得到完整的膜。Okubo 等[99]在陶瓷管的内表面制备担载 Al$_2$O$_3$ 膜时，也认为担载的 Al$_2$O$_3$ 膜可以通过重复浸渍-干燥-焙烧过程来覆盖。一方面，这可能是受陶瓷管表面的光滑程度和平整性的限制；另一方面，由于基底陶瓷管的孔径较大（μm 级），在最初的浸渍过程中，胶粒会渗入基底孔内，不能形成完整的凝胶膜。

图 3-18(b) 所示为四次涂膜后膜表面扫描电镜（SEM）照片。由图 3-18(b) 可见，经过四次涂膜，膜的孔径分布均匀，孔径大小约为 2～4μm，且无裂纹。

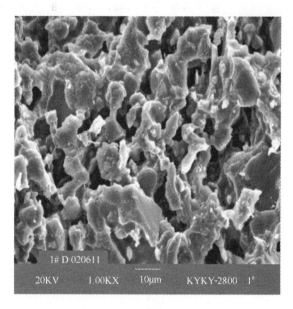

(a) 支撑体表面

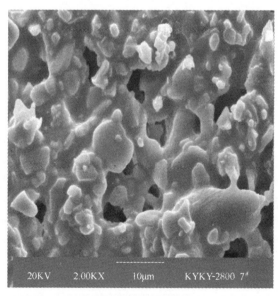

(b) 膜表面(四次浸涂后)

图 3-18   陶瓷支撑体表面和四次浸涂后膜表面的 SEM 照片

Fig. 3-18   SEM micrograghs of fundus and membrane surface（dipping four times）

在浸渍过程中，由于毛细作用，胶体溶剂在毛细管力的作用下进入多孔支撑体毛细孔，如果假设基底与胶体溶剂完全浸润，且基底的毛细管呈圆柱形，那么溶胶在毛细管中上升的高度为：

$$H = \sqrt{\frac{\sigma r t \cos\theta}{2\eta}} \tag{3-7}$$

式中　σ——溶胶的张力；

η——溶胶的黏度；

r——毛细管半径；

t——浸渍时间；

θ——润湿角。

在溶胶黏度和浸渍时间一定时，在一定范围大毛细孔径将使溶胶在孔中上升高度加大，所以大孔洞的地方溶胶较多，使多孔陶瓷基底表面的缺陷得到一定的修补。

（4）添加剂对成膜性能的影响

溶胶-凝胶法制备的无机膜常常会产生微裂纹，从而对膜的分离效果产生不良影响，在胶体溶液中加入聚合物可以避免粒子的聚集，调节黏度，增加未焙烧物料的强度以及防止开裂。聚乙烯醇分子链中含有大量侧基——羟基，聚乙烯醇具有良好的水溶性并且具有良好的成膜性、黏结剂性能，因此，它被广泛地用作黏合剂。本实验中以聚乙烯醇（PVA）为添加剂，制备了含 PVA 和不含 PVA 的各种溶胶，并对其成膜后的微观形貌进行了比较，见图 3-19。

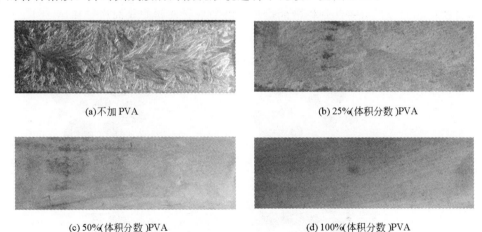

(a)不加 PVA　　　　　　　　　　(b) 25%(体积分数)PVA

(c) 50%(体积分数)PVA　　　　　　(d) 100%(体积分数)PVA

图 3-19　PVA 加入量不同时溶胶的成膜性能

Fig. 3-19　The property of film-forming of sol with different PVA

① 外加剂对 AlOOH 溶胶成膜性能的影响　采用聚乙烯醇（PVA）为添加剂，聚乙烯醇的平均聚合度为：1750±50，将其加热溶于蒸馏水，配制成 3.5%（质量分数）的溶液。

由表 3-10 可知，在 PVA 加入量不超过溶胶体积的 10％时，随 PVA 加入量增大，黏度略有增大，但幅度较小，且均处于适宜的范围内。胶粒大小有减小的趋势。这是因为 PVA 的存在，阻止了一次胶体粒子之间的直接碰撞，防止胶体粒子的团聚长大和形成二次粒子，所以在同样的条件下，加 PVA 的胶体的平均粒径要比不加 PVA 的胶体的平均粒径小。

表 3-10　PVA 加入量对溶胶性能的影响
Table 3-10　The influence of PVA on sol properties

PVA 加入量/(体积分数)/％	黏度/mPa·s	胶凝时间/d	溶胶透明度	溶胶粒径/μm
1.25	2.06	＞60	2	3.16
3.125	2.28	＞60	1	3.16
5	2.52	12	1	2.37
6.25	2.66	10	2	2.37
10	2.85	8	2	1.58

未加 PVA 的溶胶涂玻璃片后形成放射性针状（树枝状、松针状），如图 3-19(a)所示。PVA 加入体积分数为 25％时，涂玻璃片后发现溶胶形成的膜仍不均匀，见图 3-19 (b)，当 PVA 加入体积分数为 50％及以上时，成膜均匀，见图 3-19(c)、(d)。

PVA 分子是一种有许多链节的蜷曲而不规则的线性结构的高分子化合物，而且这种蜷曲线形分子能把松散的粒子以链的形式连接起来起桥梁作用[100]。它在溶胶中的作用可用图 3-20 表示。

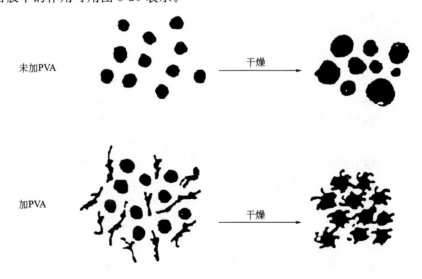

图 3-20　PVA 在 AlOOH 溶胶中的作用示意图
Fig. 3-20　PVA action in AlOOH sol

因此，加入 PVA 溶液可以阻止 AlOOH 粒子形成松针状结晶，且加入量越多，效果越明显。由图 3-19 可以看出，PVA 溶液加入量为 AlOOH 溶胶的 50％（体积分数）时已可得到基本均匀的薄膜。

② 复合溶胶的成膜性能　由图 3-21 可知，PVA 溶液加入体积分数为 25％复合溶胶成膜性能较好，但相同加入量的 AlOOH 溶胶成膜性能较差，由此估计溶胶复合后成膜性能有所改善。

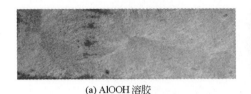 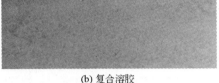

(a) AlOOH 溶胶　　　　　　　　　　　(b) 复合溶胶

图 3-21　加入 PVA 25％（体积分数）AlOOH 溶胶和复合溶胶的成膜性能

Fig. 3-21　The film-forming property of AlOOH and composite sol with PVA 25％ （vol）

图 3-22 与图 3-23 所示为胶体中未添加 PVA 制成的烧后复合膜表面和已添加 PVA 烧后的复合膜表面，可以看出，添加 PVA 形成的复合膜表面无裂纹，孔分布较均匀，而不加 PVA 的，同样过程所得的复合膜表面有明显的裂纹。分析原因在于在复合溶胶中加入 PVA 时，PVA 分子将包裹在胶粒周围，凝胶化后包裹着 PVA 的胶粒互相堆积形成了孔，经过烧结处理，PVA 受热分解成气体，气体在排出过程中与孔表面发生挤压、摩擦作用，从而导致了孔隙边缘及表面的圆滑。而不加 PVA 时，胶体粒子分布较宽，形成的凝胶质点及间隙大小不一，干燥时内部应力不均，导致膜开裂。

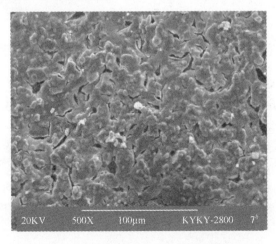

图 3-22　胶体中未加 PVA 的膜表面

Fig. 3-22　Surface of membrane without PVA

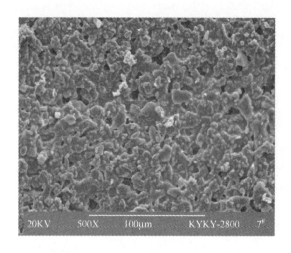

图 3-23　胶体中加 PVA 的膜表面

Fig. 3-23　Surface of membrane with PVA

（5）浸渍时间对膜厚的影响

许多文献中报道，膜的厚度与浸涂时间的平方根成正比，而且提出不同的模型来描述这一现象。如黄仲涛等[53]提出：

$$L = K\sqrt{t} \tag{3-8}$$

其中
$$K = \sqrt{2NP/(s^2\eta)}$$

式中　L——膜厚度；

　　　　t——浸渍时间；

　　　　s——吸附层中固体颗粒的比表面积；

　　　　P——溶胶与支撑体的压力差；

　　　　η——水的黏度；

　　　　N——常数（与吸附层疏松程度及溶胶浓度有关）。

上述式(3-8)与第 1 章中导出的式(1-7)基本相同。

在实验中，由于基底的微观形貌呈现片状，观察四次成膜的支撑体断面时，断面的结合情况和膜厚并不能明显观察出来。但当复合膜煅烧温度较低，呈无定形态存在而没有析晶时，用 SEM 观察能测出膜层的厚度。因此，对不同浸渍时间下低温煅烧后四次涂膜的复合膜管进行 SEM 观察和厚度测定，以确定浸渍时间与膜厚的关系。

实验中发现，当浸渍时间为 9s 时，基底上并没有膜层的出现，而浸渍时间为 49s 时，膜表面开裂非常严重，浸渍时间为 16s、25s、36s 时在 750℃下煅烧 3h 的复合膜管所测膜厚如图 3-24 所示，据导出的式(1-7)进行回归得到其函数关系为：

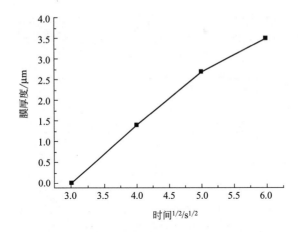

图 3-24　成膜时间与膜厚的关系

Fig. 3-24　Relationship between sintered membrane thickness and dipping time

$$L=1.18t^{1/2}-3.41$$

相关系数 $R^2=0.9771$。

3.4.5　干燥和烧成的分析

（1）凝胶膜的干燥方式分析

干燥过程是薄膜制备过程中的一个重要环节。凝胶的干燥直接影响着膜的完整性。由于凝胶在干燥过程中溶胶粒子易产生不均匀团聚，或因未沉淀粒子随浓度缓慢增加，以"结晶—长大"形式析出，使凝胶膜的均匀性大大降低，会发生弯曲、变形和开裂，从而导致膜缺陷的产生，因此必须严格控制干燥条件。

实验若采用高温快速干燥的干燥制度，尽管减少了干燥的时间，但是由于干燥过程中，凝胶膜中表面的水分挥发速度很快，薄膜中毛细管作用小孔水分来不及向大孔中运输，导致薄膜的水分饱和蒸气压与空气中蒸气压差值很大，毛细管力作用很大，尽管聚乙烯醇的加入能有效地增强骨架结构的强度和韧性，但此时由于凝胶膜内应力很大，使得凝胶膜收缩开裂。所以，凝胶膜的干燥过程应分阶段进行。

凝胶膜的干燥过程中主要经历三个干燥阶段：恒速干燥阶段（CRP）、第一减速干燥阶段（FRP1）和第二减速干燥阶段（FRP2），如图 3-25 所示。

在 CRP 阶段，凝胶膜中分散剂的蒸发速率与常态时液体的蒸发速率相近。随着分散剂的蒸发，孔结构显露出来，并产生毛细管张力。由毛细管张力所引起的收缩应力会使凝胶膜的骨架收缩，收缩速率取决于分散剂的蒸发速率，一般凝胶膜的体积收缩量可达原体积的 1/10。恒速干燥过程，液面曲率逐渐增大，当曲率达到最大时，毛细管力也相应达到最大。收缩应力的存在可使凝胶膜的结构

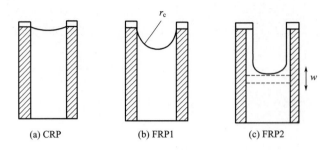

图 3-25 干燥阶段示意图[34]

Fig. 3-25 Drying process

塌陷，当凝胶膜的强度足够高时才能避免裂纹等缺陷的产生。对于胶粒溶胶，凝胶膜的强度主要取决于 Van der Waals 引力和双电层的排斥力；而对于聚合溶胶，强度主要由胶束的键力决定。另外溶胶中聚合物添加剂所形成的空间位阻作用也可提高凝胶膜的韧性，降低干燥应力。随着蒸发速率下降，进入 FRP1 阶段。此时骨架收缩停止，蒸发界面进入凝胶膜的主体，并在胶粒表面形成一层连续的液膜，致使凝胶膜呈乳白色。在 FRP2 阶段，以表面液膜的扩散蒸发干燥为主，凝胶膜逐步恢复干燥前的透明状态。在此阶段，干燥应力缓和，因各孔道间干燥速率的差异，产生应力的差异，使凝胶膜会有所扩张而发生弯曲变形。

　　干燥过程中凝胶膜收缩开裂的主要原因在于所产生的毛细管力，因此减小毛细管应力是提高膜完整性的重要途径[101]。依据 Laplace 方程，毛细管力与分散剂的表面张力成正比，而与孔径成反比。可见孔径越小，毛细管力越大，防止收缩开裂也就越难，这正是溶胶-凝胶法在制备微孔膜中存在的主要困难。为减小或消除毛细管力，通常采用低表面张力的分散介质或添加表面活性剂降低表面张力，如以醇作为分散介质；以聚乙烯醇（PVA）为添加剂；或采用新的干燥技术。

　　实验中采用两种干燥方式：一为自然干燥后烧制而成；二为先在 50℃恒温蒸汽干燥，后自然干燥后烧制而成。

　　由图 3-26 可以看出，第二种干燥方式制备的薄膜完全无开裂，效果较好。在 50℃恒温蒸汽保护下进行干燥，保持了一定的湿度，控制胶凝时间，使其远大于涂覆后溶胶层在空气中的干燥时间，这样溶剂可以在溶胶分子形成稳定的框架之前逸出，而此时膜层的结构是可塑性的，因此薄膜的情况比自然干燥要好。

　　（2）凝胶膜的焙烧条件控制

　　在涂覆在基体上的凝胶层干燥后，通过焙烧使它转变为氧化物层，即膜，因此，烧成是溶胶-凝胶法制备膜过程中的最后一道工序。在烧成过程中原凝胶层的组成、物相及孔结构均发生变化，通过热处理也使膜获得一定的孔结构、并具

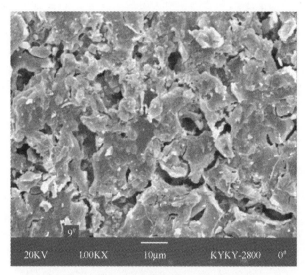

(a) 自然干燥

(b) 50℃恒温蒸汽养护干燥，后自然干燥

图 3-26　不同干燥制度下膜表面的 SEM 照片

Fig. 3-26　SEM micrographes of membranes under different drying process

有一定的机械强度和化学稳定性。

　　一般干凝胶的热处理过程包括两个阶段：在相对较低的温度范围内，如 300～400℃内，发生脱水反应，生成无水粒子。有机添加剂也在该阶段被烧尽。焙烧得到的氧化物粒子相互以点接触方式堆积，升高温度后，在接触点处粒子之

间形成"颈"连接，随着温度的升高，"颈"变宽，相应膜的强度提高。

在焙烧前需通过热分析来确定溶剂的蒸发温度、有机添加剂的分解或燃尽温度及晶型转变温度，根据图 3-30 所示，在 458℃会发生 γ-AlOOH 向 γ-Al$_2$O$_3$ 的转变，所以确定在此温度下保温 2h。此外，在升温焙烧过程中，由于溶胶中的颗粒非常小，转变为凝胶时会有所聚集，粒子的微观结构会发生很大的变化，所以应严格控制升温速率，实验中采用了两种烧成制度，如图 3-27 所示。

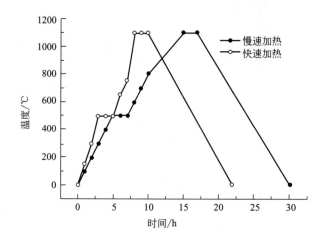

图 3-27   不同升温速率下的烧成制度

Fig. 3-27   Graph of calcining at different heating speed

图 3-28 和图 3-29 为在两种升温制度下四次涂膜后烧成的复合膜的表面形貌。可见，在凝胶膜的焙烧过程中，热处理条件对膜的结构有重要的影响，特别是升温速率的大小对膜的形成有直接影响，在加热过程中，干凝胶先在低温下脱去吸附在表面的水和醇，并在热处理过程中伴随着各种气体的释放、较大的体积收缩，故过快的升温速率容易造成膜的开裂。烧成过程中保持升温速率在 2℃/min 左右，制成的膜没有裂纹。

3.4.6 复合膜的 DTA 分析

（1）勃姆石膜的 DTA 分析

图 3-30 所示为勃姆石膜的差热分析结果。可见，在 135℃附近有一吸热峰，这是凝胶中的吸附水挥发所致。280℃附近的放热峰是因为实验引入有机溶剂的燃烧所至。在差热曲线上 458℃的吸热峰表示勃姆石的分解，即 γ-AlOOH→γ-Al$_2$O$_3$。500～1000℃之间没有明显的热变化，说明 γ-Al$_2$O$_3$ 在此温度区间稳定存在。曲线上在 1054℃出现的放热峰对应于 γ-Al$_2$O$_3$ 向 α-Al$_2$O$_3$ 的晶型转变。

（2）SiO$_2$-ZrO$_2$ 复合膜的 DTA 分析

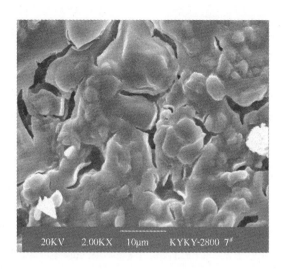

图 3-28　快速升温时膜的表面

Fig. 3-28　SEM of membrane surface by heating fast

图 3-29　慢速升温时膜的表面

Fig. 3-29　SEM of membrane surface by heating slowly

　　SiO$_2$-ZrO$_2$ 膜的差热分析见图 3-31。图中有一个吸热峰和两个放热峰出现，对应的温度分别为：148℃，286℃ 和 743℃。由于实验中以无水乙醇作为溶剂，形成凝胶时，凝胶气孔中存在物理和化学吸附的乙醇和结构水，随着热处理温度的升高要挥发，所以 148℃ 处的吸热峰主要是因为结构水和有机物的挥发带走的热量所引起的。图 3-31 中 286℃ 的放热峰可能是 SiO$_2$-ZrO$_2$ 网络的调整而引起。

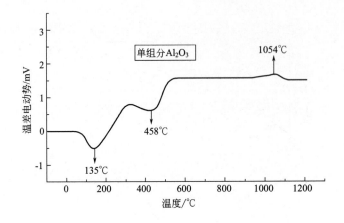

图 3-30 勃姆石膜的 DTA 曲线

Fig. 3-30 DTA of boehmite membrane

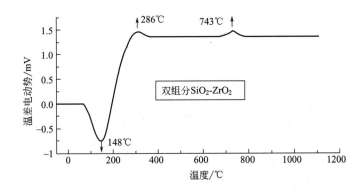

图 3-31 SiO$_2$-ZrO$_2$ 膜的 DTA 曲线

Fig. 3-31 DTA of SiO$_2$-ZrO$_2$ membrane

743℃处的放热峰为 SiO$_2$-ZrO$_2$ 复合膜中晶体析出放出的热量所引起。743℃以后没有热变化，说明 SiO$_2$-ZrO$_2$ 网络比较稳定，二者之间没有发生反应。

（3）复合膜的 DTA 分析

图 3-32 是 $n_{Al_2O_3}$ ：n_{SiO_2} ：n_{ZrO_2} =（4：2.3：1）～（10：2.3：1）（摩尔比）时，复合：干凝胶加热至 1200℃，保温 2h 的 DTA 曲线，由图 3-32 可见随着 Al$_2$O$_3$含量的增加，晶体析出的温度越低，差热曲线上出现的吸热峰的越大。出现这种现象的可能原因是：当 Al$_2$O$_3$ 含量较低时，无定形 SiO$_2$ 包裹在 AlOOH 胶粒和ZrO$_2$ 胶粒周围，使得 γ-AlOOH 向 γ-Al$_2$O$_3$ 的分解进行得不彻底，所以没有出现明显的吸热峰。而当 Al$_2$O$_3$ 含量较高时，在 470℃出现了明显的吸热峰，说明γ-AlOOH→γ-Al$_2$O$_3$ 反应得较为彻底。

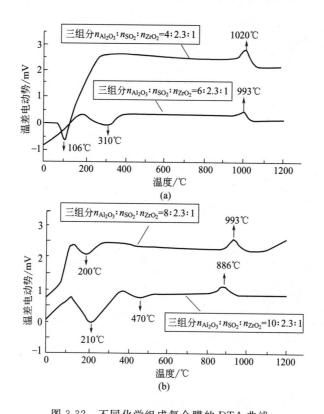

图 3-32　不同化学组成复合膜的 DTA 曲线

Fig. 3-32　DTA of composite membrane of different composition

分析图 3-32(b) 中组分比为 10∶2.3∶1 的 DTA 曲线：210℃吸热峰由结构水和有机物的挥发引起。470℃的吸热峰对应于 γ-AlOOH $\longrightarrow$ γ-Al₂O₃ 的晶型转变。与单组分勃姆石膜相比，它的晶型转变温度有所升高，说明体系中含有无定形的 SiO₂，曲线上 886℃的放热峰是由于 γ-Al₂O₃ 和 t-ZrO₂ 晶体析出而引起的。950℃以后一直没有热变化，说明三组分间未发生反应，一直到 1200℃仍没有相变发生，这与 XRD 的结果也是一致的。

由于 α-Al₂O₃ 的成核是通过阴离子空位和阳离子空位之间的反应而引起结构从立方密堆变成六方密堆这一过程发生的，加入 SiO₂ 和 ZrO₂ 后，氧化铝的表面形成了 Si-O-Al 键和 Zr-O-Al 键，阻碍了 α-Al₂O₃ 的成核，从而抑制了相变的发生。由此可见，复合膜的热稳定性要优于单组分勃姆石膜。

3.4.7　复合膜的 IR 分析

图 3-33~图 3-36 所示为 $n_{Al_2O_3}$∶n_{SiO_2}∶n_{ZrO_2} = (4∶2.3∶1)~(10∶2.3∶1)时，复合干凝胶焙烧至 1200℃，保温 2h 的红外光谱图。横坐标为波数，纵坐标

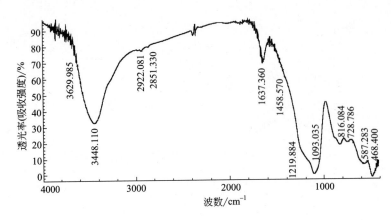

图 3-33　$n_{\mathrm{Al_2O_3}}$ ： $n_{\mathrm{SiO_2}}$ ： $n_{\mathrm{ZrO_2}}$ ＝4：2.3：1 时，烧至 1200℃复合膜的 IR 图

Fig. 3-33　IR of composite membrane of $n_{\mathrm{Al_2O_3}}$ ： $n_{\mathrm{SiO_2}}$ ： $n_{\mathrm{ZrO_2}}$ ＝4：2.3：1calcined at 1200℃

为透光率，表示吸收强度。

红外光谱与分子结构有确定的关系，组成物质的分子有各自特有的红外光谱，组成分子的基团或键有其特征振动频率，邻接原子（或原子团）不同或分子构型不同，其特征振动频率会发生位移，特征吸收谱带的强度及形状都会改变。分子的红外光谱受周围分子影响很小，无相互作用的混合物的光谱可以看成是几种物质光谱的简单加和。从红外光谱图可确定分子中含有的基团或键以及原子排布方式，得知分子结构。

从图 3-33～图 3-36 中可看出，各图谱很相似，在波数 3448～3449cm^{-1}，都有较强吸收峰，透光率达到 50％。据有关资料[102]，在 3600～3200cm^{-1} 的吸收峰表征含有氢键缔合 O—H 原子的官能团，强度由中到强；因此判断复合膜结构中含有较强的氢键缔合 O—H 原子的官能团。由于无机化合物的红外光谱图通常只显示分子中阴离子的信息，特别是含有氧原子的无机离子常具有特征的光谱，因此判断这与 AlO—OH 密切相关。恰恰其也证明了 γ-Al$_2$O$_3$ 存在。因 γ-Al$_2$O$_3$ 可再吸水变回氢氧化铝或水合氧化铝，即说明实验中复合干凝胶加热至 1200℃，保温 2h 还有 γ-Al$_2$O$_3$ 存在。

从图 3-33～图 3-36 中还可看出，在波数 2930～2843cm^{-1} 都有较弱的吸收峰，透光率达到 85％。

另外，在波数 1637～1655cm^{-1} 都有较弱的吸收峰，透光率达到 70％。与纯 ZrO$_2$ 在波数 1622cm^{-1} 相呼应。

重要的是，几张图在 1091～1095cm^{-1} 都有较强吸收峰，透光率达到 12％。资料表明 Si—O—Si 及 Al—O 在 1100～1000cm^{-1} 有较强的伸缩振动峰[104]。这正说明复合膜结构中 Si—O—Si 及 Al—O 的存在。SiO$_4^+$ 在 1175～860cm^{-1} 区出现一强的吸收谱带。

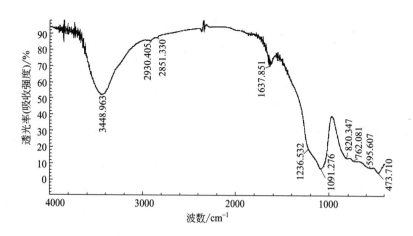

图 3-34　$n_{Al_2O_3}：n_{SiO_2}：n_{ZrO_2}=6：2.3：1$ 时，烧至 1200℃复合膜的 IR 图

Fig. 3-34　IR of composite membrane of $n_{Al_2O_3}：n_{SiO_2}：n_{ZrO_2}=6：2.3：1$ calcined at 1200℃

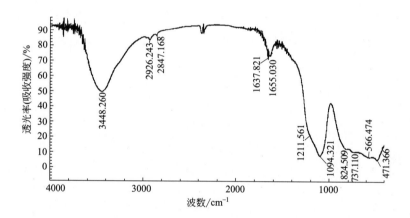

图 3-35　$n_{Al_2O_3}：n_{SiO_2}：n_{ZrO_2}=8：2.3：1$ 时，烧至 1200℃复合膜的 IR 图

Fig. 3-35　IR of composite membrane of $n_{Al_2O_3}：n_{SiO_2}：n_{ZrO_2}=8：2.3：1$ calcined at 1200℃

根据资料[103~106]，图谱中位于 816~820cm^{-1} 的吸收峰可对应于 Zr_5O_{10} 团簇六元环振动，以及 820cm^{-1} Al—O—Si 键振动吸收峰。另由图 3-33~图 3-35 可见，在 468~473cm^{-1} 的吸收峰为 Zr—O—Zr 对称弯曲振动峰，在图 3-33~图 3-35 对应 566cm^{-1} 与 595cm^{-1} 的吸收峰归为四方氧化锆的特征振动，而图 3-36 在对应处无峰，分析原因可能是不同的组分烧后形成不同的 Zr—O—Al—O、Si—O—Zr—O、Si—O—Zr—O—Al 团簇键而出现上述不规则的吸收峰。根据上述分析，推测存在 Si—O—Si、Si—O—Al—O—OH、Si—O—Zr—O 键，以及 Si—O—Al—O、Si—O—Zr—O、Si—O—Al—O—Al 团簇键。正是因为这种桥

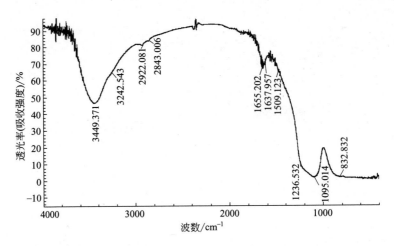

图 3-36 $n_{Al_2O_3} : n_{SiO_2} : n_{ZrO_2} = 10 : 2.3 : 1$ 时，烧至 1200℃复合膜的 IR 图

Fig. 3-36 IR of composite membrane of $n_{Al_2O_3} : n_{SiO_2} : n_{ZrO_2} = 10 : 2.3 : 1$calcined at 1200℃

键的形成（Si—O 键高于 O—Al 键；另过渡元素 Zr 易形成络合物，使 Zr—O 键强于 O—Al 键）有助于氧化铝形成缺电子的共价型化合物，阻碍了 γ-Al$_2$O$_3$ 的晶型转变，从而抑制了相变的发生。

3.4.8 复合膜热处理过程中的物相转变分析

图 3-37 和图 3-38 是 $n_{Al_2O_3} : n_{SiO_2} : n_{ZrO_2} = 10 : 2.3 : 1$ 的复合膜在不同温度烧结后的 X 射线衍射（XRD）图。从图可以看出，复合膜在不同温度下煅烧，得到的 XRD 图谱不尽相同。700℃热处理后的干凝胶粉末其 XRD 谱呈弥散状，这表明在此温度之前干凝胶为非晶态结构。到达 1000℃时，开始出现很弱的 γ-Al$_2$O$_3$ 衍射峰和 t-ZrO$_2$ 的衍射峰，且随着温度的升高，γ-Al$_2$O$_3$ 衍射峰的强度逐渐增大，峰宽变窄，说明晶体的晶型趋于完整，晶粒逐渐长大，γ-Al$_2$O$_3$ 一直保持到 1200℃也没有发生晶相变化[4]。到 1200℃复合膜的主晶相为 γ-Al$_2$O$_3$ 和非晶态 SiO$_2$ 以及 t-ZrO$_2$。

由图 3-37 可看出 700℃时的非晶馒头峰峰顶与 t-ZrO$_2$ 的具有最大峰强的 (111) 衍射峰相对应。表明非晶态的近程有序结构与 t-ZrO$_2$ 的晶体结构类似。这种结构相近性使得非晶态 ZrO$_2$ 向 t-ZrO$_2$ 的转变只需克服较小的晶格畸变能。因此，ZrO$_2$ 凝胶中的非晶态更易向 t-ZrO$_2$ 转变。

从热力学角度看，在低于 1170℃的温区，通常 m-ZrO$_2$ 比 t-ZrO$_2$ 更稳定。但是，根据 Garrie R C 的表面能理论，t-ZrO$_2$ 与 m-ZrO$_2$ 相比有更低的表面能，当晶粒细至纳米级，t-ZrO$_2$ 变得稳定。

由图 3-38 的 XRD 谱，根据 Scherer 公式：

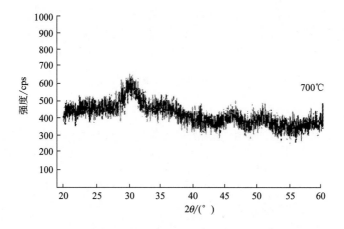

图 3-37　700℃煅烧后复合膜的 XRD 图

Fig. 3-37　XRD pattern of composite membranes calcined at 700℃

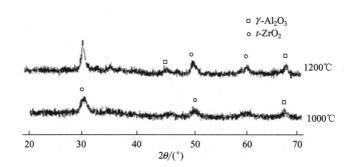

图 3-38　1000℃和 1200℃煅烧后复合膜的 XRD 图

Fig. 3-38　XRD patterns of composite membranes calcined at 1000℃ and 1200℃

$$D(hkl) = \frac{K\lambda}{\beta\cos\theta} \tag{3-9}$$

式中　K——仪器因子；

　　　λ——X 射线波长；

　　　β——衍射峰的半高宽；

　　　θ——(hkl) 晶面衍射布拉格（Bragg）角。

本实验中 $K=0.89$，$\lambda=0.1541$nm（铜靶），由此计算出不同温度下 t-ZrO₂ 平均晶粒尺寸为：1000℃时 $D_t(111)=3.6$nm；1200℃时 $D_t(111)=12.0$nm。

温度对晶粒大小的影响可由表面热力学作如下分析。

对于半径为 r 的晶粒，设单位面积的表面能（即界面张力）为 σ，单位体积的内聚能为 F，则晶粒的吉布斯自由能为

$$G = 4\pi r^2 \sigma - \frac{4}{3}\pi r^3 F \qquad (3\text{-}10)$$

当 $\dfrac{dG}{dr} = 0$ 时，对应的晶粒半径 r_c 为临界值。由式（3-10）得到 $F = \dfrac{2\sigma}{r_c}$，将其代入式（3-10），获得临界值下的吉布斯自由能能峰为：

$$G_c = \frac{4}{3}\pi r_c^{\ 2}\sigma \qquad (3\text{-}11)$$

式（3-11）表示吉布斯自由能随晶粒半径的变化规律，如图 3-39 所示。

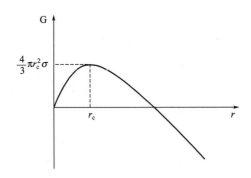

图 3-39　晶粒吉布斯自由能与粒径的关系

Fig. 3-39　The Gibbs free energies of crystal particle on particle diameters

当 $r < r_c$ 时，$\dfrac{dG}{dr} > 0$，晶粒具有减小或消失的趋势，不能成为稳定的新相；

当 $r > r_c$ 时，$\dfrac{dG}{dr} < 0$，晶粒具有长大的趋势。

研究中发现 t-ZrO$_2$ 于 Al$_2$O$_3$、SiO$_2$ 复合材料中随温度的降低晶粒减小且稳定存在，说明其临界粒径亦随温度的降低而减小。由式（3-10）可以判断：随温度的降低，t-ZrO$_2$ 的内聚能增幅大于其界面张力的增幅。由于 Al$_2$O$_3$ 与 t-ZrO$_2$ 的作用力小于 t-ZrO$_2$ 间的作用力，即 Al$_2$O$_3$ 是减缓 t-ZrO$_2$ 界面张力的主要因素，同时也起到一定的阻隔作用。

若近似以测定的 t-ZrO$_2$ 晶粒粒径作为临界粒径，由 1000℃ 时 $D_t(111) = 3.6$nm；1200℃ 时 $D_t(111) = 12.0$nm 数据可计算出：

$$\frac{\sigma_{1000}}{\sigma_{1200}} = \frac{D_{1000}}{D_{1200}} \times \frac{F_{1000}}{F_{1200}} = 0.3\,\frac{F_{1000}}{F_{1200}} \qquad (3\text{-}12)$$

式（3-12）说明温度由 1000℃ 升至 1200℃ 时界面张力的变化仅相当于内聚能变化的 30%。

体系中的 SiO$_2$ 会以无定形存在可能是由于 TEOS，一方面水解形成粒子态二氧化硅，另一方面体系中也存在缩聚过程，形成网络态二氧化硅链。这两种过程导致二氧化硅胶团排列和生长速率的不同，由于 TEOS 的缩聚反应进行得较为彻底，最终产物会以网络态二氧化硅链的形式存在，所以在随后的凝胶化、干燥和热处理过程中网络态二氧化硅链形成非晶态结构。

3.4.9　复合膜的微观形貌分析

图 3-40 为不同放大倍数下的复合膜表面的 SEM 照片，由图可以看出，复合

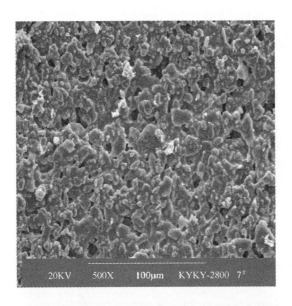

图 3-40　不同放大倍数下的复合膜表面

Fig. 3-40　SEM micrograph of membrane surface

膜孔分布均匀，孔径在 $2\sim4\mu m$ 左右，表面由片状粒子连接而成。由于 $\mathrm{Al_2O_3}$ 薄膜中的 γ-$\mathrm{Al_2O_3}$ 晶粒为片状，呈"鱼鳞"状堆垛[107]，由于复合膜中 $\mathrm{Al_2O_3}$ 的摩尔分数约为 80%，所以复合膜的表面形貌和 $\mathrm{Al_2O_3}$ 薄膜类似。

3.5　小结

采用溶胶-凝胶醇盐法路线，即以异丙醇铝作为 $\mathrm{Al_2O_3}$ 溶胶的原料，无水乙醇作为氧氯化锆的溶剂，控制 $\mathrm{SiO_2}$-$\mathrm{ZrO_2}$ 溶胶中 $\mathrm{ZrO_2}$ 的摩尔分数为 30.3%，复合溶胶中 $\mathrm{Al_2O_3}$ 的摩尔分数为 76.9% 时，成功制备了 $\mathrm{Al_2O_3}$-$\mathrm{SiO_2}$-$\mathrm{ZrO_2}$ 复合陶瓷薄膜。并且对制备过程中的各影响因素以及其影响机理进行了详细的研究和深入的分析。在研究过程中得到的结论如下。

① 在制备 AlOOH 溶胶时，发现水解时间对制膜周期有显著的影响，研究中发现，将水解时间延长至 4h 左右时，老化时间只需要 10h，就可以得到性能稳定的溶胶，这样可以显著缩短溶胶的制备周期。

② 经研究发现，当 $n_{\mathrm{H_2O}}/n_{\mathrm{Al(C_3H_7O)_3}}=83\,(\mathrm{mol/mol})$，$n_{\mathrm{HNO_3}}/n_{\mathrm{Al(C_3H_7O)_3}}$ 为 $0.10\sim0.15$，水解温度 87℃，老化温度 87℃，老化时间 12h 时，能制得性能良好的 AlOOH 溶胶；$\mathrm{SiO_2}$-$\mathrm{ZrO_2}$ 溶胶中，随 $\mathrm{ZrO_2}$ 溶胶含量的减少，胶凝时间缩短，当氧化锆的摩尔分数处于 $28.9\%\sim30.3\%$ 之间时，可以得到稳定的 $\mathrm{SiO_2}$-$\mathrm{ZrO_2}$ 溶胶。

③ 复合溶胶的性质随化学组成的不同而发生变化，随 AlOOH 的含量增加，溶胶胶凝时间延长。$\mathrm{Al_2O_3}$ 的摩尔分数在 $70.8\%\sim78.4\%$ 之间时得到的溶胶稳定，胶凝时间适宜，胶粒直径较小，而且澄清度较好。采用分形理论对其进行探讨，通过分析认为，当 AlOOH 的含量较小时，溶胶按 RLCA 模型生长为凝胶；当 AlOOH 的含量较大时，溶胶按 DLCA 模型生长为凝胶。

④ 以 PVA 作为成膜助剂，经过四次重复浸渍-干燥-焙烧的过程，控制浸渍时间为 $16\sim36$s 时，可以在孔径为 $4\sim5\mu m$ 的多孔陶瓷基底上制得孔径为 $2\sim4\mu m$，且孔分布均匀的复合薄膜。

⑤ 复合膜的析晶温度随化学组成的不同而变化，随着体系中 $\mathrm{Al_2O_3}$ 含量的增加，γ-$\mathrm{Al_2O_3}$ 和 t-$\mathrm{ZrO_2}$ 晶体析出的温度降低。经 1200℃ 的热处理后仍然没有发生 γ-$\mathrm{Al_2O_3}$ 向 α-$\mathrm{Al_2O_3}$ 的相变。可以认为加入 $\mathrm{SiO_2}$ 和 $\mathrm{ZrO_2}$ 后，氧化铝的表面形成了 Si—O—Al 键和 Zr—O—Al 键，这种桥键的形成（Si—O 键稳定性高于 O—Al 键；另过渡元素 Zr 易形成络合物，使 Zr—O 键强于 O—Al 键）有助于氧化铝形成缺电子的共价型化合物，阻碍了 α-$\mathrm{Al_2O_3}$ 的成核，从而抑制了相变的发生。

⑥ XRD 谱图表明经 1000℃煅烧后的复合膜中的氧化锆以 $t\text{-}ZrO_2$ 的形式存在，并根据 Scherer 公式计算出了 1000℃时 $D_t(111)=3.6\,nm$，1200℃时 $D_t(111)=12.0\,nm$。热力学分析表明因 Al_2O_3 与 $t\text{-}ZrO_2$ 的作用力小于 $t\text{-}ZrO_2$ 间的作用力，使得 $t\text{-}ZrO_2$ 随温度的降低其内聚能增幅大于其界面张力的增幅。即 Al_2O_3 是减缓 $t\text{-}ZrO_2$ 界面张力的主要因素，同时也起到一定的阻隔作用。

第 4 章

无机盐水解法制备 Al_2O_3 系复合微滤膜的研究

无机盐水解法制备 Al_2O_3-SiO_2-ZrO_2 膜的过程与图 3-1 类似，实验用试剂及仪器见表 2-1 和表 2-2 所示。与醇盐法不同的是本试验以 $Al(NO_3)_3$ 作为提供 AlOH 溶胶的原料。本章重点研究不同含铝原料 $Al(NO_3)_3$ 与异丙醇铝对制备 AlOOH 溶胶的影响因素以及孔径的影响因素。

4.1 AlOOH-SiO_2-ZrO_2 复合溶胶的制备

4.1.1 AlOOH 溶胶的制备

AlOOH 溶胶的制备装置同图 3-2 所示。以 $Al(NO_3)_3 \cdot 9H_2O$ 作为提供 AlOOH 溶胶的原料。$Al(NO_3)_3$ 单独水解，以氨水为催化剂。将一定浓度的氨水水浴加热至一定温度，然后加入一定浓度的等当量 $Al(NO_3)_3$ 使其水解，反应一段时间后加胶溶剂使沉淀胶溶。继续老化一定时间，得到澄清的 AlOOH 溶胶。

实例 1：分别配置 1mol/L 的硝酸铝溶液、氨水溶液、硝酸。量取 150mL 1mol/L 的氨水溶液置于三口烧瓶水浴加热至 90℃，搅拌并滴加 1mol/L 的硝酸铝溶液 50mL，同时冷凝回流，可观察到有白色沉淀生成，滴加完毕继续反应 1h，加入 1mol/L 的硝酸作为胶溶剂，加入量保持 H^+/Al^{3+} 为 0.2（体积比），即 10mL，可观察到白色沉淀变得澄清半透明。继续反应 16h，可得到稳定的 AlOOH 溶胶。

4.1.2 SiO_2-ZrO_2 溶胶的制备

将 $ZrOCl_2 \cdot 8H_2O$ 溶于无水乙醇，磁力加热搅拌溶解，然后加入一定比例的正硅酸乙酯（用 TEOS 表示），搅拌一段时间后再进行一定时间的水浴，得到无色透明溶液，老化一段时间得到浅蓝色透明溶胶。该制备法基本同醇盐法。

实例 2：称取 $3.22gZrOCl_2 \cdot 8H_2O$ 溶于 100mL 无水乙醇，在磁力加热搅拌器上搅拌溶解得到浓度为 0.1mol/L 的澄清溶液，加入 4.3mL 正硅酸乙酯继续搅拌 2h，然后在 50℃ 水浴中放置 60min，可以制得胶粒小且稳定性好的比例为 $n_{SiO_2} : n_{ZrO_2} = 2 : 1$ 的 SiO_2-ZrO_2 溶胶。溶胶无色透明，在放置过程中由于继续水解溶胶变蓝。

4.1.3　复合溶胶的制备

将 AlOOH 溶胶加入一定量的外加剂水浴搅拌一定时间，然后在室温下和 SiO_2-ZrO_2 溶胶按一定比例混合，搅拌一定时间，得到复合溶胶。试验路线如图 4-1 所示。

实例 3：取前述制备的 80mL AlOOH 溶胶和 20mL SiO_2-ZrO_2 溶胶混合，在电磁加热搅拌器上室温搅拌 4h 即可得到比例为 $n_{Al_2O_3} : n_{SiO_2} : n_{ZrO_2} = 10 : 2 : 1$ 的复合溶胶。

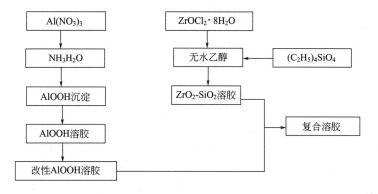

图 4-1　复合溶胶制备路线

Fig. 4-1　Preparation process of composite sol

在溶胶-凝胶法中，最终产品的结构在溶胶中已初步形成，而且后续工艺与溶胶的性质有直接关系。溶胶的性能表征如前，复合溶胶制膜的工艺基本同醇盐法工艺，如有不同在后续讨论中提出。在此不再赘述。

4.2　复合膜的污水过滤试验及结果

4.2.1　复合膜对水中含铁的过滤

采用邻菲罗啉分光光度法测定水中的铁含量[108]。铁离子在水中是以胶态存在的。用制得的复合膜管对不同的水质进行过滤，并测定过滤前后水中的含铁量。结果见表4-1。

表 4-1 无机盐法制备膜管对不同水质中铁的过滤情况

Table 4-1 Results of Fe filtration in different reclaimed water by tube-shaped composite membranes using mainly inorganic materials process

水　质	过滤前铁含量/mg·L^{-1}	过滤后铁含量/mg·L^{-1}	滤除率/%
自来水	0.2402	0.1876	21.90
北郊出水	0.4102	0.2812	31.44
焦化厂污水	1.8930	1.2236	35.36

4.2.2　复合膜对水中大肠菌群的过滤

随着工业的迅速发展和城市人口的集中和膨胀，环境污染问题已日益严重。城市生活污水是由居民的生活活动所产生，主要为生活废料和人的排泄物所污染，由于它具有适于微生物繁殖的条件，而含有大量的细菌和病原体，如大肠杆菌、痢疾杆菌等，具有一定的危害性，如不及时清除污水中有害菌群以及对污水进行深度处理，会对城市生存环境质量及发展带来严重影响。

水中总大肠菌群是水质的一个重要指标。大肠菌群是一群指示性微生物[109]，它能反映水体是否受到污染，从而了解水体是否有病原菌的危险性以便及时采取措施进行治理和防护。大肠菌群的主要成分是大肠杆菌，常见的大肠杆菌宽 0.6～1.5μm，长 2～6μm[110]。

实验中水的总大肠菌群数在华北煤炭医学院测定，总大肠菌群是指每升水样中所含有的总大肠菌群数目，经 72h 培养后测得。经不同孔径膜管过滤后的变化见表 4-2，从表中可见，膜管对大肠杆菌滤除效果非常显著，滤过率高达89.7%～96.6%，3 种不同成分的膜的大肠杆菌滤除结果全部达到标准。

4.2.3　复合膜对水中其他介质的过滤

经复合膜过滤前后水的色度、浊度和氟化物几项指标的变化见表 4-2。

根据《生活饮用水卫生标准》[111]，色度不超过 15 度，并不得呈现其他异色；混浊度不超过 3 度，特殊情况不超过 5 度；铁 0.3mg/L；氟化物 1.0mg/L；总大肠菌群 3 个/L。由表 4-2 可见，经复合膜管过滤后水的这几项指标均有很大程度的改善，经孔径较小的 3$^{#}$ 膜管处理后的中水上述几项主要指标已达到生活饮用水卫生标准。由此可见，复合膜在中水的二次处理及深度净化方面有较大的应用潜力。

表 4-2　无机盐法制备复合膜过滤前后水的几项指标

Table 4-2　Several indexes of reclaimed water before and

after filtration by composite membranes using mainly inorganic materials process

样品膜编号	色度	浊度	氟化物/mg·L^{-1}	大肠菌群数/个·L^{-1}
处理前	40	9	1.5	29
1#	25	5	1.2	3
2#	16	3	1.1	2
3#	13	2	0.9	1

注：表中 1#，2#，3# 复合膜的比例组成分别为：$n_{Al_2O_3}$: n_{SiO_2} : n_{ZrO_2} = 8 :（1，2，4）: 1。

4.3　膜制备过程及复合膜性能研究

4.3.1　AlOOH 溶胶的制备过程研究

（1）加料顺序对水解反应的影响

参阅文献可知[68]，无定形氢氧化铝 $\xrightarrow{20℃, pH>7}$ 假一水软铝石 $\xrightarrow{20℃, pH>9}$ 湃铝石 $\xrightarrow{20℃, pH>12}$ 三水铝石 $\xrightarrow{80℃, pH>12}$ 薄水铝石（勃姆石）。因此确定 $Al(NO_3)_3$ 的水解温度为 80～90℃，研究加料顺序不同对水解反应的影响。

研究发现，将氨水滴加到 $Al(NO_3)_3$ 溶液中时，刚刚加入时溶液中会出现沉淀，搅拌后沉淀迅速消失，溶液重新澄清透明。直到氨水加入量较多时，沉淀才不会继续溶解。

实例 4：改变加料顺序的实验

量取 50mL 1mol/L 的硝酸铝溶液置于三口烧瓶水浴加热至 85～90℃，搅拌并滴加 1mol/L 的氨水溶液，同时冷凝回流，可观察到溶液混合后有白色沉淀生成，但随着搅拌迅速溶解，直到氨水加入量达到 120mL 后，pH 接近于 6，沉淀才停止溶解。

从反应式可以看出：

$$Al(NO_3)_3 + 3NH_3H_2O \longrightarrow Al(OH)_3 + 3NH_4NO_3 \tag{4-1}$$

由于 $Al(OH)_3$ 具有两性，若溶液呈偏酸性时，$Al(OH)_3$ 不会继续发生水解，上述反应将逆向进行；但当 $Al(NO_3)_3$ 加入到氨水中，此时反应过程是在碱性条件下进行的，$Al(OH)_3$ 会发生如下的水解反应，生成稳定的 AlOOH 沉淀，且该反应不可逆。

$$\text{Al(OH)}_3 \xrightarrow{\text{碱性}} \text{AlOOH} \downarrow + \text{H}_2\text{O} \tag{4-2}$$

因此，只有将 Al(NO$_3$)$_3$ 滴加到氨水中，才能制得稳定的勃姆石沉淀。这从 Al(NO$_3$)$_3$ 的水解反应机理也可以得出同样的结论。

金属盐在水中的性质常受金属离子半径大小、电负性、配位数等影响。本实验中所用提供铝的原料为 Al(NO$_3$)$_3$。它溶解于纯水中电离析出 Al^{3+}，并溶剂化。Al^{3+} 在 pH<3 的溶液中和水形成 [Al(OH$_2$)$_6$]$^{3+}$。如 pH 值升高，产生水解：

$$[\text{Al(OH}_2)_6]^{3+} + h\text{H}_2\text{O} \longrightarrow$$

$$[\text{Al(OH)}_h(\text{OH}_2)_{(6-h)}]^{(3-h)+} + h\text{H}_3\text{O}^+ \tag{4-3}$$

$$h\text{H}_3\text{O}^+ + h\text{HO}^- \longrightarrow 2h\text{H}_2\text{O} \quad (h \text{ 为水解摩尔比}) \tag{4-4}$$

该反应继续进行时将产生氢氧桥键，H—Al—$\overset{\text{H}}{\underset{}{\text{O}}}$—Al—H 键，称氢氧桥键合 (olation)。

根据溶液的酸度（相应为电荷转移），水解反应有以下的平衡关系：

$$[\text{M—(OH)}_2]^{Z+} \rightleftharpoons [\text{M—OH}]^{(Z-1)+} + \text{H}^+ \rightleftharpoons [\text{M}=\text{O}]^{(Z-2)+} + 2\text{H}^+ \tag{4-5}$$

水合 (aquo)　　　　　氢氧化 (hydroxo)　　　　　氧化 (oxo)

任何无机前驱物的水解产物可以粗略写成 [MO$_N$H$_{2N-h}$]$^{(Z-h)+}$。其中 N 是 M 的配位分子数；Z 是 M 的原子价；h 称水解摩尔比。则 Al^{3+} 的水解产物可写为 [AlO$_6$H$_{12-h}$]$^{(3-h)+}$，当 $h=0$，[Al(OH$_2$)$_6$]$^{3+}$ 是水合离子；$h=2$，$N=12$，AlO$_6^{9-}$ 是 M$=$O 形式；当 $0<h<12$，有多种形式的分子：

若 $h>6$，得 [AlO$_X$(OH)$_{(6-X)}$]$^{(3+X)-}$；

若 $h=6$，得 [Al(OH)$_6$]$^{3-}$；

若 $h<6$，得 [Al(OH)$_X$(OH$_2$)$_{6-X}$]$^{(3-X)+}$。

以上三种形态水解产物与溶液的 pH 值有关，Al^{3+} 要形成稳定的溶胶须生成 AlOOH 而不是 α-Al(OH)$_3$ 或 γ-Al(OH)$_3$，所以水解反应应在碱性条件下进行。

(2) 硝酸作为胶溶剂的加入量对 AlOOH 溶胶的性能影响

利用静电稳定机制加入酸使 AlOOH 沉淀胶溶，产生胶溶作用的酸须具备两个条件[62]：①当 Al^{3+} 浓度相对较小时，使用的酸性阳离子不能与 Al^{3+} 形成化合作用或只有微弱的化合作用；②当 Al^{3+} 浓度相对较大时，酸又必须强到足够产生必需的电荷作用，用量相对 Al^{3+} 浓度要足够小，以免阻止连续铝键合氧或铝键合氢氧的形成。

采用硝酸作胶溶剂，既符合上述条件，又不引入其他离子。胶溶作用的示意图如图 4-2 所示[63]。

胶溶剂加入量不同时对溶胶的性能影响见表 4-3。

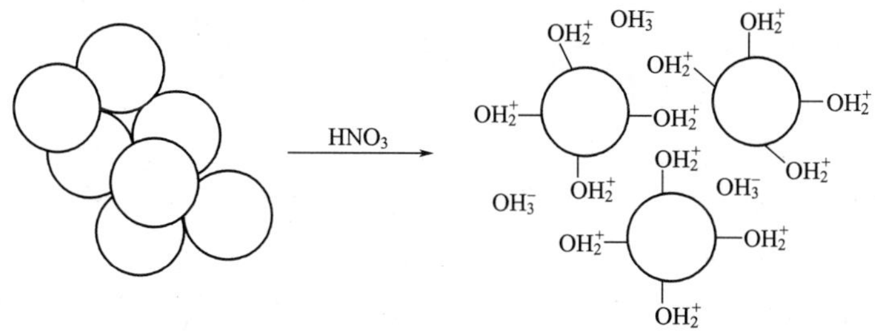

(a) 凝聚团粒子(agglomerated partticles)结构　　　(b) 稳定的溶胶(stabilized sol)结构

图 4-2　溶胶化过程示意图[63]

Fig. 4-2　Peptization process

表 4-3　胶溶剂加入量不同时 AlOOH 溶胶的性能

Table 4-3　The properties of AlOOH sol at different H^+/Al^{3+}

H^+/Al^{3+}	溶胶 pH 值	黏度/mPa·s	胶粒大小/μm	溶胶透明度	胶凝时间/d
0.05	3.88	4.481	4.74	5	6
0.10	3.84	3.333	3.95	3	6
0.15	3.64	2.358	1.58	1	＞60
0.20	3.50	1.05	1.58	1	＞60
0.25	3.48	1.14	3.16	2	4
0.30	3.7	1.9	3.95	3	3
0.35	3.76	1.33	—	—	分层
0.45	3.72	0.76	—	—	分层
0.60	3.56	0.76	—	—	分层
0.75	3.56	—	—	—	分层

注：为简便起见，用 H^+/Al^{3+} 表示硝酸与 $Al(NO_3)_3$ 的摩尔比 $n_{HNO_3}/n_{Al(NO_3)_3}$。

　　表 4-3 数据表明，随着酸加入量增大，黏度呈现先降低后升高的趋势。$n_{HNO_3}/n_{Al(NO_3)_3}$ 为 0.05 时，透明度很差，主要是勃姆石沉淀没有被完全胶溶，大的沉淀物颗粒互相作用，导致黏度较大。随酸加入量增加，黏度降低，至 $n_{HNO_3}/n_{Al(NO_3)_3}$ 为 0.15 和 0.20，完全胶溶，溶胶透明度好，胶粒小，稳定时间长达两个月以上。继续增加酸加入量，溶胶黏度变大且稳定时间显著降低，这是由于加入酸过多时，液相中过多的 NO_3^- 压缩双电层，使胶粒间的排斥力变小，溶胶易团聚。酸的加入量继续增大，溶胶静置后出现分层现象。由此可见，该无

机盐法适宜的 $n_{HNO_3}/n_{Al(NO_3)_3}$ 比为 0.10～0.30，与前述醇盐法适宜的 $n_{HNO_3}/n_{Al(C_3H_7O)_3}$ 比为 0.10～0.15 相比，具有更宽的适用范围。

（3）老化时间的影响

水解反应最初形成的溶胶，随时间延长缩聚反应还会继续进行，它导致溶胶向凝胶逐渐转变。在此过程中胶体粒子逐渐聚集形成网络结构，但这些网络结构还不够牢固，还必须老化一定时间，让其网络表面的官能团之间进一步进行缩聚反应。老化的目的是使胶粒的分散与聚集尽快达到平衡，形成单一的粒径分布[112]。

由表 4-4 结果可以看出，搅拌时间（即老化时间）是影响溶胶性质的一个重要因素。老化时间过短，如 2h 时，黏度很小，静置后出现分层现象，上层为清液，下层为乳浊液；老化时间为 4h 时虽然形成溶胶，但黏度很小，不适宜涂膜；老化时间为 8h 或 12h 时，黏度适中，但溶胶的透明度略差；老化时间大于 16h 时，溶胶粒径小，且透明度好。胶凝时间长且胶粒长大的幅度也较少，说明溶胶稳定性好。故选取适宜的最短老化时间为 16h。

表 4-4　不同老化时间下 AlOOH 溶胶的性能
Table 4-4　The properties of AlOOH sol at different aging time

老化时间/h	黏度/mPa·s	胶粒大小/μm	溶胶透明度	胶凝时间/d	60 天后胶粒大小/μm
2	1.038	4.74,大片团聚	分层	—	—
4	1.618	3.16,微量团聚	2	＞60	6.32,微量团聚
8	3.698	2.37,微量团聚	3	＞60	5.53,分散均匀
12	3.933	1.90,分散均匀	3	＞60	4.59,分散均匀
16	3.044	1.58,分散均匀	1	＞60	3.95,分散较好
20	3.308	1.58,分散均匀	1	＞60	3.16,分散均匀
24	3.358	1.58,分散均匀	1	＞60	3.16,分散均匀

（4）浓度对溶胶性能的影响

溶胶浓度是一个重要的成膜控制指标，溶胶浓度会对所形成的凝胶层的完整性产生很大影响。

① Al(NO$_3$)$_3$ 溶液浓度对溶胶产物的影响　Al(NO$_3$)$_3$ 溶液浓度对溶胶产物的粒子尺寸大小及分布有较大影响。当溶液（反应物）浓度很低时，由于晶核生长速率（r_G）高于成核速率（r_N），使得粒子尺寸较大；当反应物浓度较高时，反应瞬间晶核形成速率较快，成核速率明显高于晶核生长速率，使得粒子尺寸较小；而当反应物浓度过高时，由于粒子密度高，布朗运动使得粒子由于相互碰撞而生长，同时团聚现象严重。研究发现，小粒子聚结到大粒子上可能通过表面反

应、表面扩散或体积扩散而"溶合"到大粒子之中，形成一个更大的整体粒子，但也可能只在粒子间互相接触处局部"溶合"，形成一个大的多孔粒子，即一个大的粒子团聚体，在"溶合"反应足够快，即"溶合"反应所需时间小于颗粒有效相邻碰撞间隔时间的情况下，通过聚结过程形成的是一个大的整体粒子。反之则形成多孔的粒子团聚体。反应物浓度增大，溶液的过饱和度增加，使粒子成核速率（r_N）和生长速率（r_G）同时增加，但两者相对值 r_N/r_G 并不随反应物浓度的提高而单调增加，而 r_N/r_G 决定粒径的变化，r_N/r_G 增大，粒径减小。根据实验分析，Al(NO$_3$)$_3$ 溶液浓度控制在 0.2～1mol/L，NH$_3$H$_2$O 浓度在 1.0～4.5mol/L，获得的产物颗粒均匀，粒径小。

②浓度对溶胶性能的影响　通过改变原料的浓度来改变溶胶浓度，实验结果见表 4-5。

表 4-5　浓度对 AlOOH 溶胶性能的影响

Table 4-5　The influence of concentration on the properties of AlOOH sol

原料浓度/mol・L^{-1}	溶胶浓度/mol・L^{-1}	黏度/mPa・s	溶胶透明度	胶凝时间/d
0.5	0.125	1.62	2	＞60
0.75	0.188	2.85	2	＞60
1	0.25	3.14	1	＞60
1.25	0.375	3.33	2	10
1.5	0.5	4.75	2	8

由表 4-5 可知，随着浓度的增加，黏度变大，但在溶胶浓度为 0.188～0.375mol/L 时，黏度变化平缓。如图 4-3 所示。分析原因，随着 Al^{3+} 浓度的增大，胶粒子的平均直径并不呈单调的递增或递减趋势，而粒子的单分散性能也有所下降，其纤维状晶体有变长、变粗的趋势。可以初步认为，Al^{3+} 浓度的增大使 AlOOH 易聚合生成长链状物，因而在图 4-3 中黏度有变缓阶段。

黏度高的溶胶所制膜的孔径大，原因可能是制膜液黏度高引起膜结构疏松，但由于黏度对膜通量有重要影响，因此一般不通过调整黏度控制膜孔径。本实验中溶胶浓度为 0.188～0.375mol/L 时黏度适中。

另外，资料指出[68]，分散相在介质中有极小的溶解度，是形成溶胶的必要条件之一。在这个前提下，还要具备反应物浓度很小，生成的难溶物晶粒很小而又无长大条件时才能得到胶体。如果反应物浓度很大，细小的难溶物颗粒突然生成很多，则可能生成凝胶。在本实验中，溶胶浓度大于 0.25mol/L 时溶胶胶凝时间显著缩短。

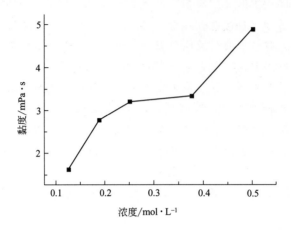

图 4-3　AlOOH 溶胶黏度与浓度的关系

Fig. 4-3　The relation between the viscosity and concentration of AlOOH sol

综合考虑，认为溶胶浓度为 0.25mol/L 时溶胶性能最好。由表 4-5 可知，合适的原料浓度为 1mol/L。

4.3.2　无机盐和醇盐前躯体制备铝溶胶的比较

以 Al(NO$_3$)$_3$ 为原料制备了 AlOOH 溶胶，不但在原料价格上比醇盐有优势，并且工艺过程也较简单，制得 AlOOH 溶胶的性能也更优异。

表 4-6　两种路线制备 AlOOH 溶胶的比较

Table 4-6 Comparison of preparing AlOOH sol by Alkoxide and inorganic precursor ways

项　　目		醇盐路线	无机盐路线
主要原料		异丙醇铝、异丙醇	硝酸铝、氨水
工艺过程所需时间	醇解时间/h	2	—
	水浴加热时间/h	1(80～90℃)	1(80～90℃)
	蒸发醇时间/h	1	—
	水解时间/h	4	1
	老化时间/h	10	14
	共计时间/h	18	16
溶胶性能	胶粒大小/μm	0.7～0.8	0.5～0.8
	稳定性/月	3	8
	溶胶透明度	1～2	1～2

由表 4-6 可见，无机盐途径以硝酸铝和氨水为主要原料，价格低廉。无机盐溶胶-凝胶过程在工艺上也更简单，将原料直接配制成所需浓度水溶液，而不用像异丙醇铝需在异丙醇中进行溶解，更无需蒸发异丙醇。

一般的无机盐溶胶-凝胶过程要对生成的沉淀进行水洗，以除去附加产生的盐，必将造成原料损失，本实验中无需这一步骤，因为产生的硝酸铵对溶胶形成没有明显的不良影响，且在热处理过程中，硝酸铵将于 320℃分解。但 AlOOH 溶胶的制备用滴加法将不宜用于大生产。

无机盐法中 ZrO$_2$-SiO$_2$ 溶胶的制备过程与醇盐法类似，其性能表征如前，在此不再赘述。

4.3.3　重复浸渍-干燥-煅烧的制膜方式研究

复合溶胶的成膜机理及成膜性能如第 1、3 章所述。根据成膜机理的第二种观点，采用重复浸渍-干燥-烧成的方式制备复合膜。不同涂膜次数的膜表面扫描电镜（SEM）照片如图 4-4 所示。

本实验所用支撑体孔径较大，见图 3-18(a)，约为 5μm，而溶胶的粒子较小，见表 4-7。一次涂膜时胶粒渗入支撑体孔内，见图 4-4(a)，重复三次涂膜时效果较好，见图 4-4(b)，膜的结构完整，膜孔均匀。

表 4-7　不同复合溶胶的粒度分布（数量统计）
Table 4-7　Particle distribution of deffent composite sol（quantity stat.）

1-1#	粒径/μm	0.42	0.48	0.59	0.78	1.07
	比例＜/%	10	25	50	75	90
1-2#	粒径/μm	0.4	0.6	0.8	1	2
	比例＜/%	4.95	51.6	76.9	87.8	97.5

另外，膜在第一次浸渍时，由于支撑体各处的毛细管力并不完全相同，在毛细管力大的部位，较多的溶胶被吸附上去，因而膜表面不会很平整；但当进行第二次浸渍时，膜层较厚的地方，其溶剂和胶粒传输阻力增大，因而此处的膜厚进一步上升的速度将减缓，相应胶凝速度也慢。因此，原来膜厚的地方，膜厚的增加反而少，从而使膜厚趋向平整和均匀。因此认为，即使支撑体孔径与胶粒大小不匹配，也可通过重复浸渍-干燥-烧成的方式得到均匀的膜层。

4.3.4　复合膜的表征

（1）复合膜的相组成和析晶温度
将不同温度下烧成的凝胶膜进行 X 射线衍射分析。结果如图 4-5 所示。

(a) 一次涂膜

(b) 三次涂膜

图 4-4　不同涂膜次数时膜表面的 SEM 照片

Fig. 4-4　SEM micrographes of ceramic membranes at different dipping time

由图 4-5 可知，虽然所用的原料有所不同，但无机盐前驱体和醇盐前驱体得到的复合膜的物相组成都是 γ-Al$_2$O$_3$ 和 t-ZrO$_2$ 以及非晶态 SiO$_2$。

在醇盐前驱体的研究中，复合膜的析晶温度偏高，在 1000℃左右。本实验中在 900℃ γ-Al$_2$O$_3$ 和 t-ZrO$_2$ 就已经析晶，膜的孔结构也已形成。这是由于 NH$_4$NO$_3$ 在 320℃分解，同时释放能量[100]，产生氮氧化物，继而与水合氧化铝中脱除的水生成硝酸，这一过程可能造成 AlOOH 含有大量高能缺陷，当这

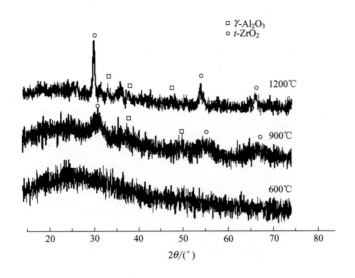

图 4-5　凝胶膜在不同温度下的 X 射线衍射图

Fig. 4-5　XRD patterns of membranes under different temperature

些缺陷部分或全部消除时，将释放出能量，有助于克服 γ-Al_2O_3 的形核势垒，从而使其析晶温度相比与醇盐前驱体下降。NH_4NO_3 分解释放的能量破坏了正常的原子排列，使 AlOOH 晶格畸变，当外界提供能量较少时，就足以转变为 γ-Al_2O_3。同理 t-ZrO_2 的析晶温度也相对提前。t-ZrO_2 衍射峰的强度较醇盐法增大许多，峰宽变窄，说明该晶体的晶型趋于完整，晶粒逐渐长大。

（2）各因素对孔径的影响

① 溶胶粒径对孔径的影响　由前述文献已知，溶胶-凝胶法中胶粒大小及分布是影响孔径的一个最重要且直接的因素。用粒径不同的溶胶涂膜，在其他条件相同的情况下所得膜的扫描电镜照片如图 4-6 所示，可以看出胶体粒径小的溶胶制得膜的孔径小。因此对于溶胶制备过程中各参数对孔径的影响，主要从对溶胶粒径的影响来进行讨论。

a. 胶溶剂用量对溶胶粒径的影响　胶溶剂浓度比对溶胶粒径的影响规律如图 4-7 所示。随着酸的加入量增加，胶粒呈现先减小后增大的趋势，$n_{HNO_3}/n_{Al(NO_3)_3}$ 为 0.15～0.20 时达到最小值。硝酸是作为沉淀的胶溶剂加入的，它使沉淀颗粒表面带电相斥而达到胶溶的作用。由前面分析可知，酸的加入量较小时，胶溶不完全，沉淀物颗粒没有完全分散开，故胶粒较大。$n_{HNO_3}/n_{Al(NO_3)_3}$ 为 0.15～0.20 时，沉淀完全胶溶，胶粒之间恰好处于静电相斥的状态，溶胶最稳定且胶粒最小。酸的加入量继续增加时，液相中的 NO_3^- 的浓度也增加，压缩双电层，使胶粒间的排斥力变小。溶胶不稳定，易团聚，表现为胶粒变大。同时，

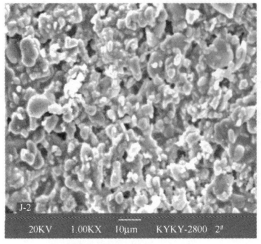

(a) 溶胶粒径 d_{av}=0.788μm 时

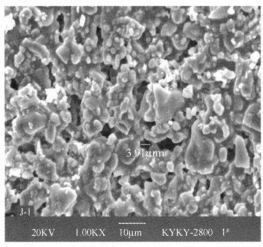

(b) 溶胶粒径 d_{av}=0.830μm 时

图 4-6　胶粒粒径不同时膜的孔径

Fig. 4-6　Membrane pore-diameter made by sol with different particle-size

酸的浓度影响形成溶胶过程中的缩聚反应速率,从而影响了最后烧结过程中的团聚体之间的相互穿插和聚合体网络的坍塌,减小酸的浓度有利于制得具有较小孔径的薄膜。所以要想制备孔径小的薄膜,应在保证胶溶效果及胶粒尽量小的前提下减少酸的用量。

　　b. 老化时间对胶粒大小的影响　图 4-8 示出老化时间对胶粒大小的影响关系。随着老化时间延长,胶粒粒径呈下降的趋势。老化一定时间如 16h 后,粒径不再随老化时间变化。而达到一定的老化时间后,溶胶放置后长大的幅度也较

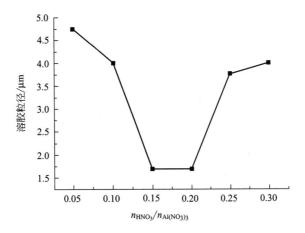

图 4-7　$n_{HNO_3}/n_{Al(NO_3)_3}$ 对溶胶粒径的影响

Fig. 4-7　Influence of $n_{HNO_3}/n_{Al(NO_3)_3}$ on particle diameter

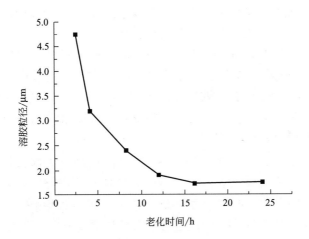

图 4-8　老化时间对胶粒大小的影响

Fig. 4-8　Influence of aging time on particle diameter

小。这是因为新生成的溶胶在经过一定时间后，达到了分散和聚集平衡。所以要想制备孔径小且分布均匀的薄膜，必须将溶胶经过一定时间的老化，使溶胶形成单一且稳定的粒径分布。

　　c. PVA 对溶胶粒径的影响　　随着 PVA 溶液的加入，溶胶粒径有减小的趋势。这是因为 PVA 的存在，阻止了一次胶体粒子之间的直接碰撞，防止胶体粒子的团聚长大和形成二次粒子，见图 4-9。随着 PVA 溶液加入量增大，对溶胶粒子的保护作用也增大，因此粒径减小。制成膜的孔径也相对要小。

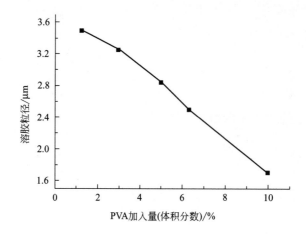

图 4-9   PVA 加入量对溶胶粒径的影响

Fig. 4-9   Influence of PVA on particle diameter

综上所述，要想调整膜的孔径，可以通过控制胶溶剂的加入量、控制老化时间、加入外加剂等来控制溶胶的胶粒大小及分布。

② 孔的形成及成分对孔径的影响　AlOOH 凝胶膜的孔结构由 AlOOH 颗粒堆积而成，文献报道[54]勃姆石晶粒是平板状，在干燥过程中以纸牌堆积方式有序排布形成狭缝状微孔，如图 4-10 所示[99]。ZrO₂ 晶体是变形的萤石型结构，在 (111) 面方向上存在着相互比邻的同号离子层，结构中质点之间的作用力在此方向上以静电斥力为主，而 Zr^{4+} 价电荷高，(111) 面排列密度理论上达到 79%，这使得 ZrO₂ 晶体沿平行与 (111) 面方向易发生解理。因此可以确定 ZrO₂ 是由高度择优取向的 ZrO₂ 晶粒组成，其晶粒基本上沿 (111) 面方向生长并解理而成，又由于所有晶粒的 (111) 面都平行，因而可以推知 ZrO₂ 是由晶粒有规则地堆积而成，其间隙形成了孔[113]。孔的示意图同勃姆石。

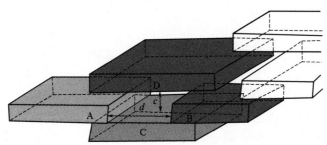

图 4-10   AlOOH 膜和 ZrO₂ 膜孔的示意图

Fig. 4-10   Schematic diagram of the pore of AlOOH and ZrO₂ membrane

A、B、C、D 表示堆积颗粒；c 为 C、D 颗粒间的距离；d 为 A、B 颗粒间的距离

　　SiO$_2$ 溶胶的颗粒具有质量分形性，各个分形颗粒之间互相穿插之后的空隙就形成了 SiO$_2$ 膜的微孔[114]。SiO$_2$ 胶粒的穿插越紧密，孔径就越小。所以复合膜的孔是由 AlOOH 和 ZrO$_2$ 颗粒的堆积以及无定形 SiO$_2$ 网的穿插形成的。

　　将比例组成分别为：$n_{Al_2O_3} : n_{SiO_2} : n_{ZrO_2} = 8 : (1,2,4) : 1$ 的复合膜用于中水的过滤，结果见表 4-2。随着 SiO$_2$ 含量的增加，滤除率增大。因此认为随着 SiO$_2$ 含量的增加，孔径变小。

　　复合溶胶体系中的 AlOOH 和 ZrO$_2$ 粒子数量占绝对多数时，复合凝胶膜的孔主要由粒子的堆积造成，孔径较大，并且因为存在少量的 SiO$_2$ 胶粒，粒子的堆积不可能达到最紧密的状态；随着 SiO$_2$ 胶粒的增多，SiO$_2$ 胶粒的互相穿插也

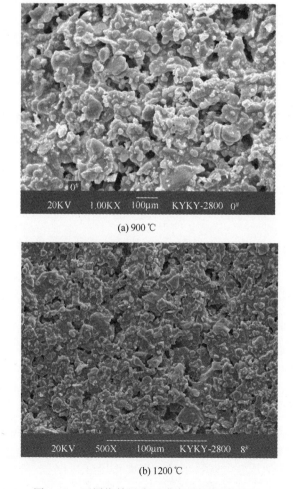

(a) 900 ℃

(b) 1200 ℃

图 4-11　不同烧结温度下膜表面的 SEM 照片

Fig. 4-11　SEM micrographes of membranes under different sintering temperature

提供了部分微孔，使得孔径逐渐减少。

③ 膜厚与孔径的关系　在本实验中，并没有体现出如烧结法类似的膜厚与孔径的关系。分析认为，这主要是由成膜机理不同造成的。烧结法中，悬浮液的颗粒大小与支撑体孔径相匹配，溶剂渗入到支撑体的孔洞中，溶质在孔口搭接成膜。而本实验中，由于溶胶粒径小于支撑体的孔径，初次涂膜时部分胶粒渗入到支撑体孔中，起到了部分堵孔的效果，所以膜孔径与膜厚之间没有明显的关系。

④ 烧结温度与孔径的关系　图 4-11 是不同烧结温度下膜表面的扫描电镜照片。

由图 4-11 可知，随烧结温度升高，孔径变大。对烧成制度对膜孔径的影响，说法不一。黄培[57]认为膜的泡压平均孔径、孔隙率和最大孔径均随烧结温度升高而线性减小。Luevanen 等[58]采用测定膜渗透性能测定膜厚，他们发现膜的渗透性能随烧结温度升高而增大，认为膜的孔径随烧结温度升高而变大。Darcovich 等[59]和韦奇等人[60]认为在烧结中期氧化铝坯体的孔径不随烧结温度升高而变化，袁文辉等[61]则认为坯体孔径随烧结温度升高而增大。本实验结果表明，随着烧结温度升高，孔径变大。

陶瓷材料烧结过程中，晶粒生长，尺寸增大。晶粒生长是晶界移动的结果，其速率取决于晶界移动速率。因此，晶粒生长速率亦与弯曲晶界的曲率半径成反比：

$$\mathrm{d}D/\mathrm{d}t = K/D \tag{4-6}$$

式中，D 为时间 t 时平均晶粒尺寸；K 为扩散系数，积分式(4-6) 得：

$$D^2 - D_0^2 = Kt \tag{4-7}$$

式中，D_0 为时间 $t=0$ 时平均晶粒尺寸。注意到扩散系数 K 满足 Arrhenius 关系，则得：

$$D^2 - D_0^2 = AF_e t \exp(-\Delta E/RT) \tag{4-8}$$

式中，A 为指前因子；F_e 为修正因子；t 为烧结时间；ΔE 为扩散活化能。

由式(4-8) 可知，随着烧结温度提高或烧结时间延长，晶粒尺寸变大。烧结温度提高促进了晶体的进一步长大，小晶粒逐渐消失，大晶粒进一步长大，因此导致膜的孔径增大。

⑤ 不同孔径的复合膜　通过对不同工艺参数的调整，实验得到了平均孔径分别为 $3.58\mu m$、$2.46\mu m$、$1.64\mu m$，孔分布均匀的复合膜，如图 4-12 所示。

由 SEM 照片可以看出，无机盐前驱体制备的复合膜与醇盐前驱体所制备的复合膜［见图 3-18(b)］微观形貌相似，膜表面由片状粒子连接而成。无机盐工艺通过对工艺过程的调整，制得了最小平均孔径为 $1.64\mu m$ 的膜，孔径分布较均匀，单位面积孔的数目也更大，见图 4-13（c）。可达到更好的过滤效果，见表 4-8。

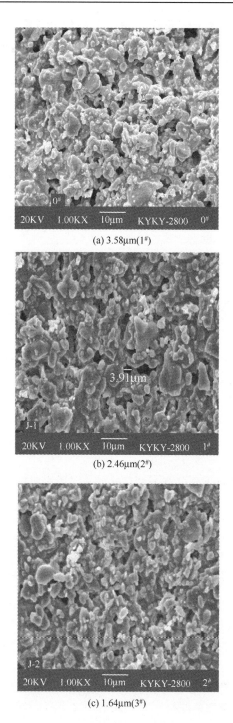

(a) 3.58μm(1#)

(b) 2.46μm(2#)

(c) 1.64μm(3#)

图 4-12　不同孔径的复合膜的孔径

Fig. 4-12　Membrane pore-diameter made by sol with different particle-size

表 4-8　不同工艺复合膜对污水的过滤

Table 4-8　Filtration of reclaimed water by composite membranes prepared by different process

指　　标	无机盐工艺（$n_{Al_2O_3}:n_{SiO_2}:n_{ZrO_2}=$8:4:1；三次涂膜；孔径约 1.64$\mu m$；孔较小，孔径分布均匀）			醇盐工艺（$n_{Al_2O_3}:n_{SiO_2}:n_{ZrO_2}=8:2.3:$1；四次涂膜；孔径约 3$\mu m$；孔径分布均匀）		
	过滤前	过滤后	滤除率/%	过滤前	过滤后	滤除率/%
色度	40	13	67.5	50	33	34
浊度	9	2	77.78	17.1	8.1	52.63
铁/mol·L^{-1}	0.4102	0.2812	31.44	0.09	0.05	44.44
氟化物/mol·L^{-1}	1.5	0.9	40	2.14	1.5	29.91

4.4　小结

采用无机盐前驱体溶胶-凝胶法，成功制备了勃姆石溶胶及三元复合溶胶，利用丁达尔现象对溶胶进行了证实，在复合溶胶体系中，研究所调比例范围内 $n_{Al_2O_3}:n_{SiO_2}:n_{ZrO_2}=(2,4,6,8,10):(1,2,3,4):1$ 均得到了澄清的复合溶胶。通过对载体进行预处理后用复合溶胶三次涂膜，采用 50℃ 恒温蒸汽干燥并以 3℃/min 的速度升温，煅烧温度为 900℃，制得了膜孔均匀，孔径约在 2～4μm 的复合膜。复合膜对污水有良好的过滤效果，水的色度、浊度、氟化物及铁含量等均有很大程度的改善。大肠菌群由过滤前的 29 个/L 下降到小于 3 个/L，已达到《生活饮用水卫生标准》。研究得出：

① 用无机盐 Al(NO$_3$)$_3$ 作为制备铝溶胶的前驱体，加料顺序和方式对 Al(NO$_3$)$_3$ 的水解影响显著。以 Al(NO$_3$)$_3$ 和 NH$_3$·H$_2$O 为原料，只有将 Al(NO$_3$)$_3$ 滴加到 NH$_3$·H$_2$O 中，在碱性条件下水解，然后加硝酸胶溶才可以制得外观澄清、性能稳定的 AlOOH 溶胶。复合溶胶中硅溶胶的进一步水解和溶胶各组分之间的团聚是导致胶凝的原因。

② 以 Al(NO$_3$)$_3$ 为原料制备了 AlOOH 溶胶，不但在原料价格上比醇盐有优势，并且工艺过程也较简单，工艺周期可进一步缩短，制得 AlOOH 溶胶胶粒更小并具有更好的稳定性。无机盐溶胶-凝胶过程将原料直接配制成所需浓度水溶液，而不用像异丙醇铝需在异丙醇中进行溶解，更无需蒸发溶剂异丙醇。生成的沉淀无需水洗，因为反应产生的硝酸铵对溶胶形成没有明显的不良影响，且在热处理过程中，硝酸铵将于 320℃ 分解，同时释放能量，有助于克服 γ-Al$_2$O$_3$ 的形核势垒，从而使其析晶温度相比于醇盐前驱体下降。两种路线制备 AlOOH 溶胶各有优缺点，实际生产中应根据需要确定。

③ 膜的孔径受组成、胶粒大小、烧成温度等因素的影响。复合膜的孔是由

AlOOH 和 ZrO$_2$ 颗粒的堆积以及 SiO$_2$ 胶粒的穿插形成的，复合溶胶体系中的 AlOOH 和 ZrO$_2$ 粒子数量占绝对多数时，复合凝胶膜的孔主要由粒子的堆积造成，孔径较大；随着 SiO$_2$ 胶粒的增多，SiO$_2$ 胶粒的互相穿插也提供了部分微孔，孔径逐渐减小。胶体粒径小的溶胶易于制得孔径小的膜，通过控制胶溶剂的加入量、老化时间、加入外加剂等可以控制溶胶的胶粒大小及分布，进行孔径的调整。烧结温度升高，孔径变大。通过对胶粒大小、成分及烧结温度等的调整，制备了平均孔径分别约为 3.58μm、2.46μm、1.64μm，孔径分布均匀的复合膜。

第5章

Al₂O₃-SiO₂-ZrO₂-TiO₂ 复合微滤膜的研究

如前所述，本实验除了通过添加一些氧化物如 SiO_2 与 ZrO_2 等来改善铝系膜的性能外，还进一步研究添加 TiO_2 来改善 Al_2O_3 系复合膜性能。

Zr，Ti 均为 IV B 过渡元素，它们具有相似的化学性能。过渡元素即为具有部分填充 d 或 f 壳层电子的元素，Ti 原子的价电子构型为 $3d^2 4s^2$，Zr 原子的价电子构型为 $4d^2 5s^2$；过渡元素易形成络合物，这是因为过渡元素的原子或离子具有能级相近的价电子轨道 $[(n-1)d、ns、np]$ 接受配体的孤电子对，过渡元素的离子半径较小，最外电子层为未填满的 d^x 构型，具有较高的核电荷，对配位有较强的吸引力和较强的极化作用。

徐晓虹、张英、吴建锋等[115]以异丙醇铝、正硅酸乙酯（TEOS）、氧氯化锆、钛酸丁酯 $(BuO)_4Ti$ 为前驱体制备了 Al_2O_3-SiO_2-ZrO_2-TiO_2 四组分陶瓷复合分离膜。本研究将以硝酸铝代替异丙醇铝，其他原料如前，制备上述四组分陶瓷复合分离膜。以硝酸铝代替异丙醇铝可降低成本，对膜的工业化生产有重要意义。

5.1　研究内容和流程

采用溶胶-凝胶法以硝酸铝、正硅酸乙酯、氧氯化锆和钛酸丁酯为前驱体制备四组分复合溶胶，然后用制得的溶胶在支撑体上进行涂膜、干燥、烧成，最终制得复合膜。研究的主要内容有：

① 各前驱体的水解聚合性质。由于四种前驱体的水解性质各不相同，欲制备适合涂膜的溶胶，必须要先对它们各自的水解特性有所了解。实验中用 $Al(NO_3)_3 \cdot 9H_2O$、TEOS 和 $ZrOCl_2 \cdot 8H_2O$ 以及 $(BuO)_4Ti$ 为前驱体分别制备勃姆石（AlOOH）溶胶、硅溶胶、锆溶胶和钛溶胶，并研究它们的水解、聚合特性，这对多组分溶胶的制备有重要的指导意义。

② 多组分溶胶的制备。根据各前驱体的水解特性，调节 pH 值、水浴温度、老化时间、加料顺序等来找出影响溶胶稳定性的主要因素，并找出最适合制备多组分溶胶的途径。

③ 复合膜的制备与表征。

④ 膜对污水过滤处理分析。检测污水处理前后色度、浊度以及氟化物浓度的变化，观察膜对污水的处理效果。

实验流程见图 5-1。

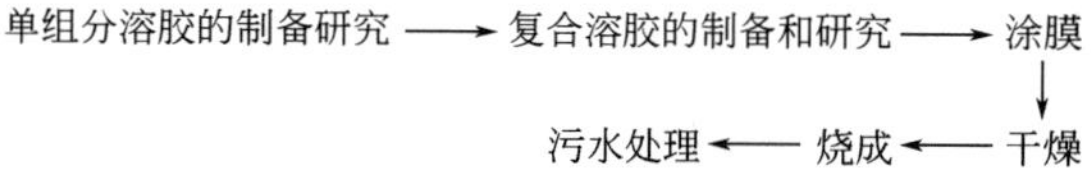

单组分溶胶的制备研究 $\longrightarrow$ 复合溶胶的制备和研究 $\longrightarrow$ 涂膜

污水处理 $\longleftarrow$ 烧成 $\longleftarrow$ 干燥

图 5-1　四组分膜试验流程

Fig. 5-1　Flow chart of Al$_2$O$_3$-SiO$_2$-ZrO$_2$-TiO$_2$

5.2　膜制备过程及复合膜性能研究

采用溶胶-凝胶法制备复合陶瓷膜必须要制备出适合的涂膜液，各种前驱体的水解条件不同，有的甚至差异很大，这会导致不能形成稳定的混合溶胶。因此，首先了解各个前驱体的水解特性是很有必要的，只有了解了这些情况，才能更容易控制工艺条件，制得稳定的复合溶胶液，达到事半功倍的目的。

硝酸铝的水解原理及勃姆石溶胶的制备与第 4 章无机盐法的相同，故不再赘述。

5.2.1　正硅酸乙酯（TEOS）的水解与硅溶胶的制备研究

（1）TEOS 水解的基本原理

TEOS 在以酸性或碱性化合物为催化剂的条件下，均可进行水解、缩聚和脱水反应。但在碱性环境下，TEOS 的水解能迅速引起凝胶作用。只有在酸性条件下才可以形成多孔膜，所以本课题只研究在酸性条件下的水解特性。TEOS 在酸性条件下的水解缩聚反应过程如下。

水解：

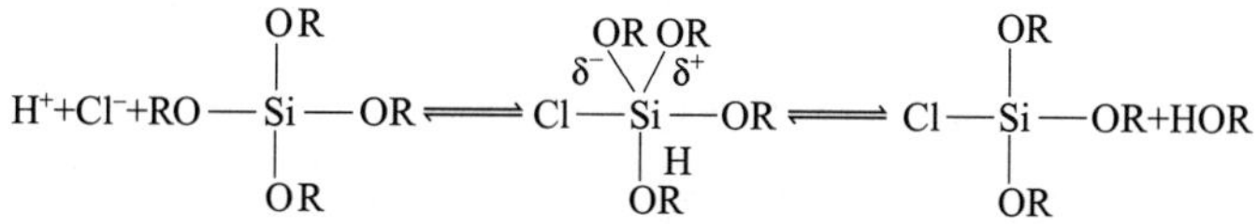

$$\text{H}^+ + \text{Cl}^- + \text{RO}-\underset{\underset{\text{OR}}{|}}{\overset{\overset{\text{OR}}{|}}{\text{Si}}}-\text{OR} \Longleftrightarrow \overset{\delta^-}{\underset{\delta^+}{}}\text{Cl}-\underset{\underset{\text{H}}{|}}{\overset{\overset{\text{OR OR}}{\diagdown/}}{\text{Si}}}-\text{OR} \Longleftrightarrow \text{Cl}-\underset{\underset{\text{OR}}{|}}{\overset{\overset{\text{OR}}{|}}{\text{Si}}}-\text{OR} + \text{HOR} \tag{5-1}$$

$$\text{H}_2\text{O} + \text{Cl}-\underset{\underset{\text{OR}}{|}}{\overset{\overset{\text{OR}}{|}}{\text{Si}}}-\text{OR} \Longleftrightarrow \text{Cl}-\underset{\underset{\overset{|}{\text{H}\cdots\text{O}}}{}}{\overset{\overset{\text{OR}}{|}}{\text{Si}}}-\text{OR} \Longleftrightarrow \text{HO}-\underset{\underset{\text{OR}}{|}}{\overset{\overset{\text{OR}}{|}}{\text{Si}}}-\text{OR} + \text{HCl} \tag{5-2}$$

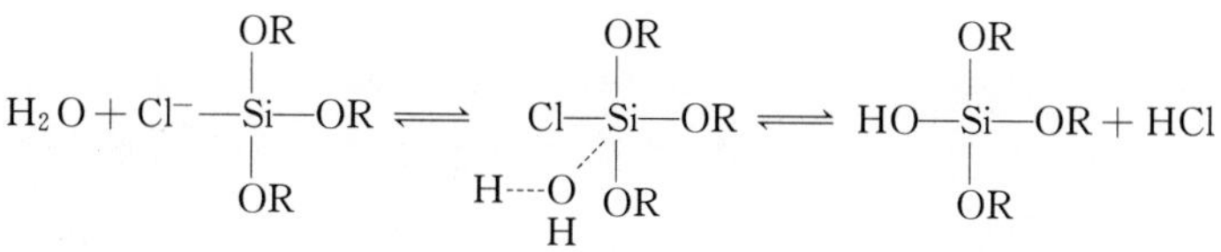

聚合：

$$RO-\underset{\underset{OR}{|}}{\overset{\overset{OR}{|}}{Si}}-OH + H^+ \underset{快}{\rightleftharpoons} RO-\underset{\underset{OR}{|}}{\overset{\overset{OR}{|}}{Si}}-\underset{H^+}{O}-H \qquad (5\text{-}3)$$

$$RO-\underset{\underset{OR}{|}}{\overset{\overset{OR}{|}}{Si}}-\underset{H^+}{O}-H + HO-\underset{\underset{OR}{|}}{\overset{\overset{OR}{|}}{Si}}-OR \underset{慢}{\rightleftharpoons} RO-\underset{\underset{OR}{|}}{\overset{\overset{OR}{|}}{Si}}-O-\underset{\underset{OR}{|}}{\overset{\overset{OR}{|}}{Si}}-OR + H_3^+O \qquad (5\text{-}4)$$

$$RO-\underset{\underset{OR}{|}}{\overset{\overset{OR}{|}}{Si}}-\underset{H}{O}-H + RO-\underset{\underset{OR}{|}}{\overset{\overset{OR}{|}}{Si}}-OR \rightleftharpoons RO-\underset{\underset{OR}{|}}{\overset{\overset{OR}{|}}{Si}}-O-\underset{\underset{OR}{|}}{\overset{\overset{OR}{|}}{Si}}-OR + ROH + H \qquad (5\text{-}5)$$

由式(5-1)可知，H$^+$ 与—OR 形成氢键而使得电子云发生偏移，另一侧的空隙增大，Cl$^-$ 直接进攻硅原子，并发生 Cl$^-$ 与—OR 的取代；由式(5-2)可知，在水的作用下—OH 可取代 Cl$^-$ 而形成硅醇盐和 HCl。

由式(5-3)～式(5-5)可知，H$^+$ 与硅醇盐的—OH 上形成氢键，并使得硅醇盐之间脱水聚合或硅醇盐与 TEOS 之间发生脱醇聚合。

（2）硅溶胶的制备试验研究

以 TEOS 为前驱体、无水乙醇为溶剂制备硅溶胶，加入蒸馏水、HCl 以及 CaCl$_2$ 做催化剂，研究其加入量对 TEOS 水解和聚合的影响。

① Cl$^-$ 的浓度对 TEOS 水解的影响　以无水乙醇（EtOH）为溶剂，以 HCl 为催化剂，调节 pH 值小于 2 有利于得到稳定的溶胶，按照式(5-1)～式(5-5)中 TEOS 的水解反应机理，对 TEOS 的水解起作用的是 H$^+$。实验中发现，在酸性条件下加入氯化物（如 CaCl$_2$ 等）对 TEOS 的水解有很大的影响。实验中，将 $n_{TEOS} : n_{EtOH}$ 为 0.26（摩尔比）的混合溶胶，用 HCl 调节至 pH=1.4，加入浓度不同的 CaCl$_2$ 溶液测溶胶的凝胶化时间（T_G）见表 5-1。

表 5-1　Cl$^-$ 对凝胶化时间的影响
Tab5-1　Effect of Cl$^-$ on gelation time

Cl$^-$ /(mol/L)	0.1	0.2	0.3	0.4	0.5
T_G/h	100	37	28	25	24

由图 5-2 可知：在同时以 HCl 和 CaCl$_2$ 为催化剂时，当控制 pH 值（或 H$^+$ 浓度）一定时，随着 Cl$^-$ 浓度的增加凝胶化时间显著下降，说明 Cl$^-$ 参加了 TEOS 的水解反应。

TEOS 分子中的硅原子周围由 4 个烷氧基—OR（即—OC$_2$H$_5$）与之键合。这 4 个烷氧基团尺寸较小，尚不足以完全包围硅离子，因此硅离子表面有 4 处直接暴露在外。经计算表明，其理论空隙尺寸分别为 1.34Å（0.134nm），易吸引周围的阴离子。

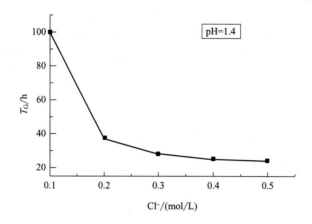

图 5-2　Cl⁻ 对凝胶化时间的影响

Fig. 5-2　Effect of Cl⁻ on gelation time

Brinker 认为[116]：此时的 TEOS 水解机理是酸性条件下，在 H⁺ 的帮助下，水分子直接进攻 TEOS 分子并使之水解；随着 HCl 浓度的增加，水解速率加快，凝胶化时间减小。

以氯化物为催化剂时，由于 Cl⁻ 的离子半径较大（1.81Å，即 0.181nm），难以直接进攻硅原子。但实验中发现 Cl⁻ 确实促进了 TEOS 的水解，这是由于在酸性条件下，H⁺ 首先进攻 TEOS 分子中的一个—OR 基团并使之质子化，造成电子云向该—OR 基团偏移，使硅原子核的另一侧表面空隙加大并呈亲电子性，负电性较强的 Cl⁻ 因此得以进攻硅离子团，使 TEOS 水解，如图 5-3 所示。

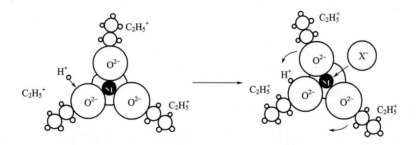

图 5-3　酸性条件下 TEOS 水解模型[53]

Fig. 5-3　The hydrolysis model of TEOS under acid

② H⁺ 的浓度对 TEOS 水解的影响　将 n_{TEOS}：n_{EtOH} 为 0.26（摩尔比）的混合溶胶，在 R（n_{H_2O}/n_{TEOS}，摩尔比）分别为 3、5、10 时调节 Cl⁻ 的浓度为 0.6mol/L，用 HCl 调节 pH 值，测其凝胶化时间，见表 5-2、图 5-4。

表 5-2　H$^+$ 浓度对凝胶过程的影响

Tab5-2　Effect of H$^+$ on gelation time

H$^+$浓度/(mol/L)	凝胶化时间/h		
	$R=3$	$R=5$	$R=10$
0.05	14	28	15
0.1	68	20	27
0.125	62	18	25
0.15	40	15	22
0.2	20	13	15
0.25	15	12	12
0.3	14	11	10

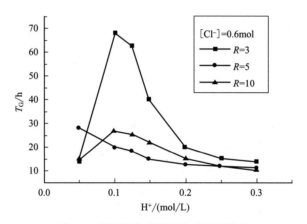

图 5-4　H$^+$ 浓度对凝胶化时间的影响

Fig. 5-4　Effect of H$^+$ on gelation time

　　系统在含水量 R（摩尔比，$n_{\mathrm{H_2O}}/n_{\mathrm{TEOS}}$）值较低时聚合速率较快，反应主要受水解控制。H$^+$ 对水解反应的作用较为复杂，在 R 值较小时，随着 H$^+$ 浓度的增加（或 pH 值的减小）凝胶化时间先升后降。这可能是因为酸性的加强一方面使 H$_2$O 形成 H$_3$O$^+$，而 H$_3$O$^+$ 不能置换中间产物中的 Cl$^-$，H$_2$O 的不足延缓了水解反应，但另一方面由于 TEOS、H$_2$O 与 EtOH 之间的互溶性较差，过低的酸性将导致 TEOS、H$_2$O 与 EtOH 三者之间的不混溶，使水解反应无法进行；HCl 的加入有利于三者之间的互溶，加强了 H$_2$O 与 TEOS 的反应能力，水解反应又有加快的趋势；两者综合作用的结果为随着 H$^+$ 的增加凝胶化时间变化呈驼峰状。而对于含水量较高的系统来说，由于 H$_2$O 浓度大为增加，H$^+$ 前者的作用大为减弱，故随着 H$^+$ 的增加凝胶化时间减少。

　　由此可见，要制备稳定性在 24h 以上的溶胶，必须要限制水的加入量不能太大也不能太小，还要控制 H^+ 浓度不能太大。由表 5-2 中数据可知，$R=5$，H^+ 浓度为 0.05mol/L 时，才能得到性能良好的硅溶胶。

③ 聚合　酸催化时，按 TEOS 的水解机理，降低硅离子周围的位阻有利于提高水解速率。因此硅离子周围如存在能稳定硅原子核上正电荷的施主基团如 —OR 基团，则能在一定程度上提高水解速率[50]；而如存在受主基团如 —OH 或 —OSi 基，则因其不利于稳定正电荷或因增加位阻而降低水解速率。因此对已发生一个 —OR 基取代或聚合的 TEOS 分子来说，继续发生 —OH 基取代的可能性减小，所以 TEOS 分子水解后其产物分子中 —OH 基一般不超过 2 个，在反应水量较少时应以 $Si(OR)_3OH$ 为主。

在聚合过程中水解形成的硅醇盐在酸性条件下迅速质子化。质子化后的 Si—O 基团带正电性，会吸引周围硅醇盐中的 Si—OR 基或 Si—O 基，吸引后发生电子云的迁移，导致脱水或脱醇速率较慢，但总体聚合速率较快。

在系统中 H_2O 量较少（R 值较小）的情况下，H_2O 不能保证 TEOS 在经历了第一阶段水解后速度明显放慢，需依靠硅醇盐脱水聚合后产生的水继续水解，聚合以脱醇聚合为主，反应受水解控制。由于位阻效应的作用，水解过程一般容易在硅氧键的末端进行。通过不断水解、聚合就形成了一条很长的线性硅氧键。

随着硅氧链的伸展，链之间又不断交联，最终形成了线性交联的三维无规则网络结构（图 5-5）。

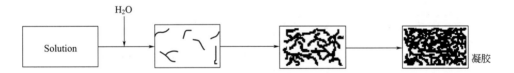

图 5-5　酸催化（R 值较小时）凝胶结构形成模型[116]

Fig. 5-5　The formation model of acid catalysed gel structure（small R value）

在酸性条件下如加入过量的水（R 值较大时），有利于提高 TEOS 的水解速率，而聚合速率则因反应物稀释而有所下降。这就导致在聚合初期水解已基本完成，系统内水解产物浓度较高，且每个 TEOS 分子水解形成的 Si—OH 键有所增加，水解产物中 $Si(OR)_2(OH)_2$ 较多。此时聚合则以脱水聚合为主，反应向多维方向进行。这样在经历了不断的聚合后就形成了三维短链交联结构。随着聚合的继续，短链间交联不断加强，形成颗粒状聚集体，并最终形成凝胶[116]。

另外在氨水的作用下，TEOS 也会发生水解反应，说明 SiO_2 是两性氧化物，但其他组分的溶胶需要在酸性条件下制备，故采用在酸性条件下制备溶胶的工艺，且 pH<3。

5.2.2 氧氯化锆水解与锆溶胶的制备研究

(1) 氧氯化锆水解的基本原理

利用原料中的结晶水，ZrOCl$_2$·8H$_2$O 溶于乙醇溶液中发生的水解和缩聚反应为：

$$\equiv Zr—Cl + H_2O \longrightarrow \equiv Zr—OH + HCl$$

（反应式 $\equiv$Zr—Cl 左边的键中含有 OCl，这里只针对右边的 Cl 进行说明）

(5-6)

$$\equiv Zr—OH + HO—Zr \equiv \longrightarrow \equiv Zr—O—Zr \equiv + H_2O \qquad (5-7)$$

由上可见 ZrOCl$_2$·8H$_2$O 水解为强酸性，这限制了水解反应的持续进行，适当调节其 pH 值，可促进水解。

(2) 锆溶胶的制备研究

将 ZrOCl$_2$·8H$_2$O 分别加入到浓度为 1mol/L 的氨水、无水乙醇和蒸馏水中，其质量比为 1：(10～30)，观察其水解情况。

把 ZrOCl$_2$·8H$_2$O 加入到氨水会形成沉淀，说明在碱性条件下锆溶胶不稳定，也说明了锆的两性特性。分别用一定量的水或乙醇溶解 ZrOCl$_2$·8H$_2$O，发现后者在水中的水解速度要比乙醇中快，在水和乙醇不同浓度下的 ZrOCl$_2$·8H$_2$O 溶胶的凝胶化时间都很长，可达 30 天以上。由式(5-6) 可知 ZrOCl$_2$·8H$_2$O 的水解必须要有水作催化剂，而在醇中水解时，水只能由 ZrOCl$_2$·8H$_2$O 中的结晶水来提供，它在无水乙醇中的含量是非常少的，所以 ZrOCl$_2$·8H$_2$O 在醇中的水解速度比在水中的水解速度慢。由于其凝胶化时间太长，导致生产周期长，所以要加入一些催化剂，以降低其凝胶化时间。由于本课题研究的一个组分是 TEOS，而 TEOS 与 ZrOCl$_2$·8H$_2$O 制成复合溶胶时，凝胶化时间可以得到很好的控制。要想获得稳定性好（即凝胶化时间合适）的溶胶，其制备条件应为：ZrO$_2$ 的浓度 0.1mol/L、水浴温度要低、水浴时间 60min。考虑到水浴温度过低则起不到应有的作用，并兼顾胶粒大小，故选择 50℃。

5.2.3 钛酸丁酯的水解与钛溶胶的制备研究

(1) 钛酸丁酯 (BuO)$_4$Ti 水解的基本原理

(BuO)$_4$Ti 的结构和 TEOS 相似，决定了其水解性质和机理也相似。它只能在强酸性的条件下才能获得比较理想的结果。研究证明，只有在酸性条件下才可以形成多孔膜。

(BuO)$_4$Ti 的水解反应方程式[52]：

$$\underset{\underset{OCH_3}{|}}{\overset{\overset{OCH_3}{|}}{H_3CO—Ti—OCH_3}} + 4H_2O \longrightarrow \underset{\underset{OH}{|}}{\overset{\overset{OH}{|}}{HO—Ti—OH}} + 4CH_3OH \qquad (5-8)$$

$(BuO)_4Ti$ 的聚合反应方程式[52]：

$$HO-\underset{\underset{OH}{|}}{\overset{\overset{OH}{|}}{Ti}}-O-\underset{\underset{OH}{|}}{\overset{\overset{OH}{|}}{Ti}}-OH + 6Ti(OH)_4 \longrightarrow$$

（方程式右侧为聚合钛网络结构，附加 $+6H_2O$）

$$(5\text{-}9)$$

（2）钛溶胶的制备及结果讨论

本研究是使醇溶液中的钛醇盐首先被加入的水水解，水解醇盐再通过羟基缩合。欲使溶胶在合适的时间内形成，这样才有实用性。pH 值是影响水解和缩合的重要参数，从理论上分析，如果缩合速度大于水解速度，钛离子将紧紧地结合在一起，结果是形成氢氧化物沉淀。只有在酸性条件下，水合金属阳离子质子化，相互之间具有电荷排斥作用，才能使缩合速度受到限制，但还存在一个平衡问题，因为随 pH 值升高，缩合速度提高，但同时交联程度和凝胶的空隙率也提高，所以对于某一个系统，应该有一个合适的 pH 值范围。另外水的加入量对 $(BuO)_4Ti$ 的水解和聚合都有重要的影响[53]。

① 乙醇和水以及酸对 $(BuO)_4Ti$ 的作用　将一定量无水乙醇加入到 $(BuO)_4Ti$ 中，保持 $n_{(BuO)_4Ti} : n_{EtOH}$ 在 0.016（摩尔比）左右，加热搅拌一段时间，溶液呈淡黄色透明溶液。缓慢滴入一定量水，溶液中出现白色沉淀物；加入一定量的稀硝酸使溶液 pH 值在 3 以下，并在电炉上加热搅拌一段时间后，溶液呈黄色半透明，透明度达到 3。静置 3h，溶胶分层，上层为无色透明稀溶液，下层为白色稠溶胶。经分流实验证明，上层为丁醇和乙醇的混合液；下层的溶胶的凝胶化时间大于 10 天。

从实验中可以看出：

a. 只加入乙醇时，$(BuO)_4Ti$ 水解速度比较慢，这是因为乙醇只能电离出极少量的 OH^-，所以 $(BuO)_4Ti$ 的水解速度受 OH^- 浓度的限制，速度很慢。

b. 在有水加入时呈白色沉淀，这是因为水的电离度较大，能电离出较多量的 OH^-，使得 $(BuO)_4Ti$ 在水中的水解速度极快。但溶液的 pH 值在 7 左右，水中的 OH^- 的离子浓度不高，钛溶胶粒子表面带电量不足，相邻胶粒的扩散层重叠产生推斥力太小，不足以克服范德华引力等引力的作用，因此缩合速度大于水解速度，钛离子将紧紧地结合在一起，结果是形成氢氧化物沉淀。

c. 在有酸参与时，$(BuO)_4Ti$ 在水的作用下极易发生水解，由于溶液中有大量 H^+ 存在且 pH<PZC［氧化物表面上正负电荷数目相等时的 pH 值规定为氧

化物的零电荷点（PZC）。铝氧化物和铁氧化物的 PZC 分别约为 8.5 和 9]，钛溶胶颗粒表面带有大量的 H^+，带电胶粒周围的溶剂中由等量的反电荷（即 NO_3^- 和 OH^-）形成扩散层。相邻胶粒的扩散层重叠产生推斥力，相互之间具有电荷排斥作用，使缩合速度受到限制，水解速度大于聚合速度，水解产物有时间进行扩散，从而形成稳定的溶胶。

实验说明水的加入量和酸的加入量对 $(BuO)_4Ti$ 的水解和聚合有很重要的作用。下面将分别研究水和 H^+ 对 $(BuO)_4Ti$ 水解的影响。

② 水对 $(BuO)_4Ti$ 水解的作用　将一定量的无水乙醇加入到 $(BuO)_4Ti$ 中，保持 $n_{(BuO)_4Ti} : n_{EtOH}$ 在 0.016（摩尔比）左右，溶液呈淡黄色透明溶液，加入一定量浓硝酸，加热搅拌一段时间，再加入不同量的水，老化 2h，实验结果如表 5-3 所示。

表 5-3　水的加入量对溶胶性能的影响
Table5-3　Effect of H_2O on sol capability

$n_{H_2O} : n_{(BuO)_4Ti}$	溶胶状态	老化 2h 溶胶状态	凝胶化时间/d	黏度/mPa·s	透明度
0	淡黄色透明溶胶液	淡黄色透明溶胶液	＞30	0.78	5
0.18	淡黄色透明溶胶液	淡黄色透明溶胶液	1	3.12	5
0.36	淡黄色透明溶胶液	乳白色凝胶	—	—	1
0.54	乳白色凝胶	乳白色凝胶	—	—	1
1.8	乳白色溶胶	乳白色凝胶	—	—	1
2.7	乳白色溶胶	上清液下乳白色溶胶	30	6.35	2
3.6	乳白色溶胶	上清液下乳白色溶胶	60	7.26	2

由表 5-3 可知，水的加入量对 $(BuO)_4Ti$ 的溶胶稳定性能有重要影响。不加入水时，$(BuO)_4Ti$ 不水解；加入水使 $n_{H_2O} : n_{(BuO)_4Ti}$ 保持 0.18（摩尔比）时，溶胶稳定，凝胶化时间合适；继续加入水时，溶胶不稳定，且溶胶液分层；再多量的水时，又很难凝胶，且溶胶液分层。所以可将加入水量控制使 $n_{H_2O} : n_{(BuO)_4Ti}$ 保持在 0.18（摩尔比）左右。

从以上实验可以分析出以下几点：

a. 不加水时，浓胶很稳定。$(BuO)_4Ti$ 的水溶液里存在的 OH^- 不多，限制了水解反应速度，少量的水解产物不会形成沉淀，也不会凝胶。

b. 加入水使 $n_{H_2O} : n_{(BuO)_4Ti}$ 保持在 0.18（摩尔比）左右时形成性能很好的溶胶。原因如前述。

c. 加入水量为 $n_{H_2O} : n_{(BuO)_4Ti}$ 保持在 0.36～1.8（摩尔比）时，很容易生成

凝胶。由于加入的水量多，使整个溶液的水解反应速度增加，胶粒表面的双电子层产生的阻力已不能阻挡水解产物的失水聚合，快速的聚合将形成空间网络结构，最后成为凝胶。随着水量的增多，聚合速度越快，链的长度是减小的。

d. 水的加入量在 $n_{H_2O} : n_{(BuO)_4Ti}$ 保持在 2.7～3.6（摩尔比）时水解的溶胶很稳定，但是溶胶分层。这可能是由于大量水的加入使 $(BuO)_4Ti$ 迅速水解，但由于胶粒表面双电层产生的阻力和大量水加入时产生的溶剂化作用和对产物的稀释作用，使胶粒不易很快地聚合在一起，这样溶液就达到了一种介稳态。上层的清液可能是由于丁醇和水不互溶造成的。分流实验证明，清液层中只剩下无水乙醇、丁醇 [$(BuO)_4Ti$ 的水解产物] 和极少量的 $(BuO)_4Ti$、水。这样就形成了上层清液下层乳白色溶胶的现象。

③ H^+ 对钛酯丁酯水解的影响　将一定量无水乙醇加入到 $(BuO)_4Ti$ 中，保持 $n_{(BuO)_4Ti} : n_{EtOH}$ 在 0.016（摩尔比）左右，分别加入一定量浓硝酸，加热搅拌一段时间后，再加入一定量水，老化 2h，测得其凝胶化时间、黏度和透明度的结果如表 5-4 所示。

表 5-4　酸的加入量对溶胶性能的影响
Table5-4　Effect of acid on sol capability

$n_{HNO_3} : n_{(BuO)_4Ti}$	pH	溶胶状态	老化 2h 溶胶状态	凝胶化时间/h
0	略大于 7	絮状沉淀	絮状沉淀	—
1.33	2～3	淡黄色透明溶液	淡黄色透明溶液	28
2.66	1～2	浅黄色透明溶液	浅黄色透明溶液	10
3.99	<1	乳白色不透明溶液	乳白色凝胶	—

胶粒的表面吸附 H^+ 形成表面双电层，从而减缓水解产物的聚合速度，但并不是溶液的酸越强就越稳定。由表 5-4 数据知：当 pH 值略大于 7 时，形成絮状沉淀；pH 值为 2～3 时，溶胶的凝胶化时间是 28h；当 pH 值为 1～2 时，凝胶化时间就减至 10h；当 pH 值小于 1 时已不能形成稳定的溶胶。这是由于在加入酸的同时也加入了水，这会导致水解速度加快，凝胶化时间缩短；且 H^+ 的浓度升高到胶粒的临界电位时，使得胶粒周围的扩散层受到压迫，当双电层斥力不足以抗衡胶粒之间的范德华引力时，导致了凝胶的发生。这说明在 pH 值小于 2 时，加入的浓硝酸中的水的作用和压迫双电层作用已经超过了胶粒间的排斥作用，导致了溶胶的不稳定。

总之，$(BuO)_4Ti$ 的水解性能与水的加入量和溶液的 pH 值有关，水的增加可以加快 $(BuO)_4Ti$ 的水解速度，随着 pH 值的减小 H^+ 有利于水解，对溶胶的聚合作用是先抑制后促进。因此为了制得性能良好的溶胶，水和浓硝酸的加入量要合适。通过以上实验得出了一个比较合适的加入物料的比例，这对涂膜是非常有利的。

5.2.4　SiO$_2$-ZrO$_2$-TiO$_2$ 复合溶胶的制备与研究

由以上实验可知，(BuO)$_4$Ti 适合在含水量少、pH＝2～3 的无水乙醇中水解；TEOS 也适合在含水量少、pH 值在 2 左右的无水乙醇中水解；ZrOCl$_2$·8H$_2$O 既可以在水中水解，又可以在醇中水解，且水解速度较快，水解后生成 HCl 使溶液显酸性。TOES 和 (BuO)$_4$Ti 都要在酸性的乙醇溶液中水解，测得 ZrOCl$_2$·8H$_2$O 溶于无水乙醇（当 $n_{(BuO)_4Ti}$：n_{EtOH} 在 0.016 左右时）可使溶胶液的 pH 值在 2 左右，此时有利于 (BuO)$_4$Ti 和 TOES 的溶解；但是 (BuO)$_4$Ti 的水解不能加入太多的水，而 TEOS 在 [Cl$^-$]＝0.6mol/L 时需要较多的水才能形成稳定溶胶，为解决这一矛盾可减少 Cl$^-$ 的加入量。这三种前驱体水解条件相似，又因为水的加入量对 (BuO)$_4$Ti 的水解有很大的影响，故要先研究 SiO$_2$-ZrO$_2$-TiO$_2$ 复合溶胶的制备。

（1）加入顺序对溶胶性能的影响

资料指出[68]，分散相在介质中有极小的溶解度，是形成溶胶的必要条件之一。在这个前提下，还要具备反应物浓度很稀，生成的难溶物晶粒很小而又无长大条件时才能得到胶体。如果反应物浓度很大，细小的难溶物颗粒突然生成很多，则可能生成凝胶。所以随着浓度的增加，黏度变大。

在 EtOH 中分别加入 ZrOCl$_2$·8H$_2$O、TEOS 及 (BuO)$_4$Ti（等摩尔量），老化 2h。用 1、2、3 表示加料的顺序，每隔十分钟加入一种物料。结果见表 5-5。

表 5-5　加料顺序对溶胶性能的影响
Tab5-5　Effect of adding order on sol capability

ZrOCl$_2$·8H$_2$O	TEOS	(BuO)$_4$Ti	老化后黏度/mPa·s	凝胶化时间/d
1	2	3	0.86	＞30
1	3	2	0.83	＞30
2	1	3	0.81	＞30
2	3	1	0.78	＞30
3	1	2	0.80	＞30
3	2	1	0.78	＞30

按前述加料的顺序加料，然后加一定量的水后，结果如表 5-6 所示。

表 5-6 加入水时加料顺序对溶胶性能的影响

Tab5-6 Effect of adding order on sol capability after adding 1ml water

$ZrOCl_2 \cdot 8H_2O$	TEOS	$(BuO)_4Ti$	老化后黏度/mPa·s	凝胶化时间/h
1	2	3	2.52	46
1	3	2	2.53	47
2	1	3	2.55	40
2	3	1	2.55	46
3	1	2	2.57	45
3	2	1	2.54	45

由表 5-5、表 5-6 可知，加水前后，加料的顺序对等摩尔量的 $ZrOCl_2 \cdot 8H_2O$、TEOS、$(BuO)_4Ti$ 混合溶胶老化后黏度和凝胶化时间顺序没有明显影响，但在没有水加入的情况下，不利于凝胶。加水后，溶胶老化后黏度大大增加。在表 5-5 中还发现，先加入 $ZrOCl_2 \cdot 8H_2O$ 时，老化后的黏度略大于其他几种加料顺序。这是因为 $ZrOCl_2 \cdot 8H_2O$ 首先在醇中水解，生成 HCl 和少量的水，使溶液呈酸性，此时所测的 pH 值在 2.5 左右，后加入的物料在酸性和极少量水的条件下比在无水乙醇中水解速度要稍快，所以先加入 $ZrOCl_2 \cdot 8H_2O$ 时，更易水解，黏度略大。而如表 5-6 所示，加入水后先加 $ZrOCl_2 \cdot 8H_2O$ 的溶液黏度反而比其他溶液小，凝胶化时间也更长，这可能是在未加水时，先加 $ZrOCl_2 \cdot 8H_2O$ 的溶液中 $(BuO)_4Ti$ 的浓度最小，加入水时，水解反应剧烈程度略低，一定程度上减缓了在水解产物的生成速度，从而减低聚合速度，这样就使其老化后的黏度略小，凝胶化时间略长。

由于不加酸时溶液的 pH 值在 2.5 左右，$[Cl^-] = 0.2mol/L$，这个值有利于前驱体的水解，可以在加入少量水时保持硅胶团的稳定，还避免了引入杂质。因此，在实验中可不加其他酸。

（2）其他因素对溶胶性能的影响

欲采用正交试验法进行硅锆钛溶胶的制备，但实验中发现确定因素水平后，有许多路线显示很快凝胶。故以前者的经验为参考，再分别考虑到搅拌时间（t）、水浴温度（T）和水浴时间（t'）对溶胶的影响。

① 搅拌时间 当水与无水乙醇的摩尔比为 0.11，水浴温度为 30℃，水浴时间为 1h 时，研究分别搅拌 30min、45min、60min 时，搅拌时间对溶胶性能的影响。由表 5-7 可知，搅拌时间对溶胶性能的影响不大。

② 水浴温度 当水与无水乙醇的摩尔比为 0.11，水浴时间为 1h，搅拌时间为 30min 时，研究水浴温度对溶胶性能的影响，如表 5-8 所示。

表 5-7　搅拌时间对溶胶性能的影响
Tab5-7　Effect of water bathtemperature on sol capability

$t/\min$	透明度	黏度/mPa·s	凝胶化时间/h
30	3	4.33	19
45	4	4.26	16
60	3	4.06	17

表 5-8　水浴温度对溶胶性能的影响
Tab5-8　Effect of water bathtemperature on sol capability

$T/℃$	透明度	黏度/mPa·s	凝胶化时间/h
30	5	3.37	22
40	4	5.26	16
50	3	6.36	3

从表 5-8 可以看出水浴温度的升高导致了溶胶透明度的降低、黏度的升高和凝胶化时间的缩短，即水浴温度越高溶胶越不稳定。这是因为水浴温度越高，溶液中各微粒的动能越大，水解反应和聚合反应速度都变大，水解产物更容易克服胶粒表面双电层产生的阻力而相互靠近接触并发生聚合，在空间形成网络结构，增大胶粒的体积，从而导致了透明度降低、黏度升高、凝胶化时间缩短。由表 5-8 中数据可以看出适合的水浴温度为 30℃。

③ 水浴时间　当水与无水乙醇的摩尔比为 0.11，水浴温度为 30℃，搅拌时间为 30min 时，研究水浴时间对溶胶性能影响，如表 5-9 所示。

从表 5-9 可知水浴时间对溶胶的稳定性影响不大：水浴温度越长，凝胶化时间越短、透明度越低、黏度越高，但趋势变化不是很明显。这说明水解反应在某一个温度下进行得很快，在短时内就能达到平衡。

表 5-9　水浴时间对溶胶性能的影响
Tab5-9　Effect of water bathtime on sol capability

水浴时间 $t'/\min$	透明度	黏度/mPa·s	凝胶化时间/h
30	5	3.35	24
60	4	3.5	23
90	2	3.78	22.5

根据各单组分溶胶水解实验结果，得出了 (BuO)$_4$Ti、ZrOCl$_2$·8H$_2$O 和 TEOS 有相似的水解性质的结论。水和 pH 值对三种物质的水解都具有至关重要的作用，所以欲制备稳定的 SiO$_2$-ZrO$_2$-TiO$_2$ 溶胶，必须对水的加入量和 pH 值

进行严格的控制。实验中还发现，复合溶胶的稳定性主要取决于钛溶胶的稳定性。此外还要控制水浴的加热温度和时间。制备适合涂膜的溶胶的工艺条件是：当水与无水乙醇的摩尔比为 0.11，水浴的温度应在 30℃，水浴时间应为 30～90min。

5.2.5　Al$_2$O$_3$-SiO$_2$-ZrO$_2$-TiO$_2$ 四组分复合溶胶的制备研究

将 (BuO)$_4$Ti、ZrOCl$_2$·8H$_2$O、TEOS 按一定比例加入到无水乙醇中，老化 2h，即可制得 SiO$_2$-ZrO$_2$-TiO$_2$ 复合溶胶。由于 AlOOH 溶胶中含有水，SiO$_2$-ZrO$_2$-TiO$_2$ 复合溶胶不加入水。

将制备好的 AlOOH 溶胶和 SiO$_2$-ZrO$_2$-TiO$_2$ 复合溶胶按一定比例相混合，即可出制备四组分复合溶胶。具体配方如下：

方案 1：$n_{Al_2O_3}$: n_{SiO_2} : n_{ZrO_2} : n_{TiO_2} ＝ 4 : 1 : 1 : 1（为简便起见，Al$_2$O$_3$、SiO$_2$ 和 ZrO$_2$ 以及 TiO$_2$ 的摩尔比用 Al : Si : Zr : Ti 表示）

在一定量的 EtOH 中加入 TEOS、ZrOCl$_2$·8H$_2$O 和 (BuO)$_4$Ti，使后者摩尔比为 1 : 1 : 1，老化 2h。然后与一定量不同浓度的 AlOOH 溶胶相混合。

采用正交试验法进行铝硅锆钛四组分复合溶胶的制备，实验中主要考虑 AlOOH 溶胶浓度、混合后的搅拌时间（t）、水浴温度（T）和水浴时间（t'）对溶胶的影响。各因素及其水平如表 5-10 所示。

表 5-10　实验因素及水平
Tab5-10　Factors and levels of orthogonal experiment

序号	AlOOH 浓度/(mol/L)	t/min	T/℃	t'/min
1	1	10	30	30
2	2	20	40	60
3	4	30	50	90

表 5-11 是实验的结果，从中可看出 AlOOH 溶胶对溶胶稳定性的影响和水对溶胶稳定性的影响情况相似，所以为了制备合适的四组分溶胶，应采取的工艺过程应是：AlOOH 的浓度应为 4mol/L（加入物质的量相同时加入水的量更少），水浴的温度就为 30℃，水浴时间为 60min。在此工艺下制备的溶胶透明度可达到 2，黏度可达到 3mPa·s 左右，凝胶化时间达到 24h。这样的溶胶性能是非常容易涂膜的。

方案 2：Al : Si : Zr : Ti＝1 : 1 : 1 : 4

在一定量的 EtOH 中加入 TEOS、ZrOCl$_2$·8H$_2$O 和 (BuO)$_4$Ti，使后者摩尔比为 1 : 1 : 4，老化 2h。再加入浓度为 4mol/L AlOOH 溶胶混合，使四组分溶胶摩尔比为 1 : 1 : 1 : 4，复合溶胶的性能见表 5-12。

表 5-11　实验方案及结果
Tab5-11　Scheme and results of experiment

AlOOH 溶胶 /(mol/L)	t/min	T/℃	t'/min	透明度	黏度 /mPa·s	凝胶化 时间/h
1	10	30	30	凝胶		
1	20	40	60	凝胶		
1	30	50	90	凝胶		—
2	10	40	90	凝胶		
2	20	50	30	凝胶		
2	30	30	60	凝胶		
4	10	50	60	4	7.32	6
4	20	90		2	3.38	20
4	30	40	30	2	5.27	10

表 5-12　Al：Si：Zr：Ti＝1：1：1：4 的溶胶性能
Tab5-12　Sol capability when Al：Si：Zr：Ti＝1：1：1：4

t/min	T/℃	水浴时间/min	透明度	黏度/mPa·s	凝胶化时间/h
30	30	30	2	3.56	24

按照此工艺可制出非常适合涂膜的溶胶。

方案 3：Al：Si：Zr：Ti＝1：4：1：1

在一定量的 EtOH 中加入 TEOS、ZrOCl₂·8H₂O 和 (BuO)₄Ti，使后者摩尔比为 4：1：1，老化 2h。再加入浓度为 4mol/L AlOOH 溶胶混合，使四组分溶胶摩尔比为 1：4：1：1，复合溶胶的性能见表 5-13 所示。

表 5-13　Al：Si：Zr：Ti＝1：4：1：1 的溶胶性能
Tab5-13　Sol capability when Al：Si：Zr：Ti＝1：4：1：1

t/min	T/℃	水浴时间/min	透明度	黏度/mPa·s	凝胶化时间/d
30	30	30	1	0.95	＞10

由表 5-13 中数据可知：配比改变后，所得到的溶胶凝胶化时间太长且黏度太小，不利于涂膜。为了提高其黏度，并减少凝胶化时间，可升高水浴温度并延长水浴时间。水浴时间定为 3h，水浴温度对凝胶化时间的影响如图 5-6 所示。

由图 5-6 可知升高温度可加快溶胶粒子形成网络结构，从而形成凝胶。当水浴温度升高到 80℃水浴时间为 3h 时，凝胶化时间为 30h，要继续减少凝胶化时

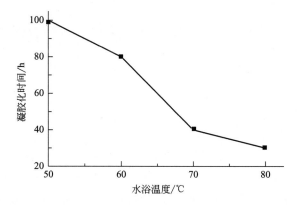

图 5-6　水浴温度对凝胶化时间的影响

Fig. 5-6　Effect of water bathtime on sol capability

间可以延长水浴时间。

　　图 5-7 是此组分在 80℃ 水浴中不同水浴时间对制得溶胶的凝胶化时间的影响。随着水浴时间的延长，凝胶化时间变短。

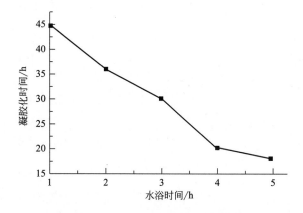

图 5-7　水浴时间对凝胶化时间的影响

Fig. 5-7　Effect of water bath time on gelation time

　　从本实验可以看出 Al_2O_3-SiO_2-ZrO_2-TiO_2 复合溶胶性能的影响因素和 SiO_2-ZrO_2-TiO_2 相差不多，只是水的引入方式不同，一个是由 AlOOH 溶胶引入，一个是直接加水。水对 TEOS 和（BuO）$_4$Ti 的水解均有重要影响，尤其是（BuO）$_4$Ti 在水中的水解和聚合速度，直接影响了溶胶的稳定性。Al_2O_3-SiO_2-ZrO_2-TiO_2 复合溶胶中水的作用要小于 SiO_2-ZrO_2-TiO_2 中水的作用，这是因为加入的纯水很容易在溶液中扩散，使（BuO）$_4$Ti 和 TEOS 的水解更容易进行，由 AlOOH 溶胶引入的水受到 AlOOH 胶团的影响，向溶液中扩散的速度较慢且量也会较少，使 (BuO)₄Ti 和 TEOS 的水解和聚合反应速度降低。但四组溶胶的浓度多大于三组分溶胶，胶团间的距离变短，使得凝胶化时间变短。因此，制备的 Al：Si：Zr：Ti 为 4：1：1：1 和 1：1：1：4 两种四组分溶胶的稳定性都较三组分的低，这说明浓度对两种溶胶的稳定性较大。Al：Si：Zr：Ti＝1：4：1：1 时，溶胶的稳定性反而增大，是因为浓度太小。

5.2.6 四组分膜的相结构分析

改变溶胶中铝、硅、锆、钛的摩尔比例，可以得到不同相组成的薄膜。从图 5-8 中分析发现溶胶成分的变化，会影响晶相的形成，主晶相随着铝、硅、锆、钛的比例不同在 1100℃时 XRD 谱中体现的程度有所区别。当 Al：Si：Zr：Ti 为 4：1：1：1 时，主晶相为 γ-Al₂O₃，当 Al：Si：Zr：Ti 为 1：4：1：1 时，主晶相为蓝晶石 Al₂SiO₅（蓝晶石是一种耐高温矿物，具有抗化学腐蚀性好、热震机械强度高、受热膨胀不可逆等优点），当 Al：Si：Zr：Ti 为 1：1：1：4 时，主晶相为 TiO₂。晶相中不存在 α-Al₂O₃，这说明硅、锆、钛氧化物的加入对 γ-Al₂O₃ 向 α-Al₂O₃ 的转变起了很大的抑制作用。

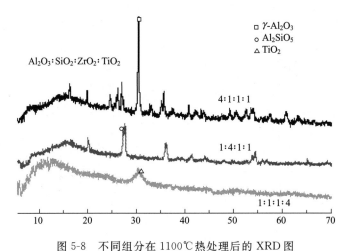

图 5-8　不同组分在 1100℃热处理后的 XRD 图

Fig. 5-8　XRD of different components (1100℃，1h)

5.3　污水处理测试及分析

本实验采用错流过滤方式对污水进行过滤。污水的流动方式如图 3-3 所示。

表 5-14 是不同条件下所制膜对北郊污水处理厂出厂水样的处理结果。其中 1#水样表示处理前的污水；2#水样是支撑体处理后的结果；3#水样表示 Al：Si：Zr：Ti 为 4：1：1：1 在 1100℃烧成的膜处理后的结果，图 5-9(a) 所示为

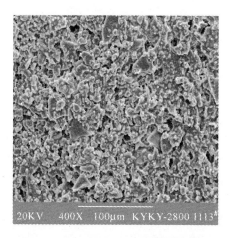

(a) Al：Si：Zr：Ti=4：1：1：1

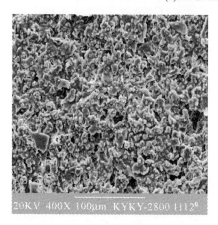

(b) Al：Si：Zr：Ti=1：4：1：1

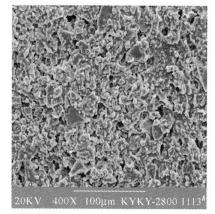

(c) Al：Si：Zr：Ti=1：1：1：4

图 5-9　比例不同的试样的表面形态（1100℃煅烧）

Fig. 5-9　Surface morphology of different proportion bodies

3$^\#$膜的表面扫描电镜图；4$^\#$水样表示 Al：Si：Zr：Ti 为 1：4：1：1 在 1100℃烧成的膜处理后的结果，图 5-9(b) 所示为 4$^\#$膜的表面扫描电镜图；5$^\#$水样表示 Al：Si：Zr：Ti 为 1：1：1：4 在 1100℃烧成的膜处理后的结果，图 5-9(c) 所示为 5$^\#$膜的表面扫描电镜图。数据表明，随着孔径的增大，截留率降低，水处理的效果越来越差。

　　根据《生活饮用水卫生标准》[111]，色度不超过 15 度，并不得呈现其他异色；混浊度不超过 3 度，特殊情况不超过 5 度；氟化物 1.0mg/L。可见经复合膜管过滤后水的这几项指标均有很大程度的改善，孔径较小的膜管处理后已接近、甚至达到标准。

表 5-14　水处理结果

Tab5-14　Result of deal with water

编号	孔径/μm	浊度	色度	氟化物/(mg/L)
1$^{\#}$	—	5.5	>50	1.1
2$^{\#}$	4.67	3.87	37	1.1
3$^{\#}$	3.18	1.23	15	0.8
4$^{\#}$	3.27	1.38	16	0.9
5$^{\#}$	2.95	1.05	12	0.7

当烧结温度在 600℃时，膜中的 TiO$_2$ 主要以锐钛矿型存在，具有很好的光催化效应，可有效地分解有机物和微生物。而污水的色度和浊度在一定程度上是由有机物和微生物造成的。所以，如将膜涂在支撑体外表面，在日光或紫外线的作用下就能很好地处理水中的有机物和微生物，从而大大降低污水的色度和浊度。由于时间关系，没做深入的探讨，希望在以后的实验中加以验证。

5.4　小结

本章采用溶胶-凝胶法以硝酸铝、正硅酸乙酯、氧氯化锆和钛酸丁酯为前驱体制备了四组分复合溶胶，然后用制得的溶胶在支撑体上进行涂膜、干燥、烧成，最终制得复合膜。研究了各前驱体的水解聚合性质，从而制备多组分溶胶及复合膜并进行污水处理实验。主要结论有：

① Cl$^-$、H$^+$ 和 R(H$_2$O/TEOS) 对 TEOS 水解有很大的影响。$R=5$，H$^+$ 浓度为 0.05mol/L，Cl$^-$ 浓度为 0.6mol/L 时，才能得到性能良好的硅溶胶。

② (BuO)$_4$Ti 的水解性能与水的加入量和溶液的 pH 值有关，为了制得性能良好的溶胶，水的加入量不宜太多，控制水与 (BuO)$_4$Ti 摩尔比为 0.15，加入适量的浓硝酸调 pH 值。EtOH、(BuO)$_4$Ti 和 H$_2$O 以及浓 HNO$_3$ 存在最佳配比，这对涂膜是非常有利的。

③ 影响复合溶胶稳定性的最关键因素 (BuO)$_4$Ti 是水解速度，可控制水和无水乙醇的摩尔比不超过 0.7。在 pH 值在 2～3、Cl$^-$ 的浓度为 0.2mol/L（即不再加 HCl 调节 pH 值）时，溶胶不易凝胶化，不利于涂膜，可以通过升高水浴温度和水浴时间的方法来缩短凝胶化时间；加入的水量太大会使溶胶短时内凝胶化，也不利于涂膜。

④ 造成膜缺陷的因素有很多。例如溶胶的浓度、黏度，涂膜次数，干燥方

式，烧成时的升温速率，支撑体和膜的热膨胀系数等。本实验溶胶的总浓度约为 0.7mol/L，黏度在 3～4mPa·s 之间，采用 50℃ 恒湿干燥 24h，分别进行三次涂膜烧成过程，且要控制烧成速率在 3℃/min。

⑤ 通过污水处理实验知道，Al_2O_3、SiO_2 和 ZrO_2 以及 TiO_2 摩尔比为 1∶1∶1∶4 在 1100℃ 烧成的膜孔径最小、对污水的处理效果最好，其膜孔径为 2.95μm，处理后污水的色度为 12，浊度为 1.05，氟化物浓度为 0.7mg/L。

第**6**章

微波加热法制备复合微滤膜的研究

微波技术起源于 20 世纪 60 年代，由于微波加热在某些方面具有传统加热无可比拟的特点，已被应用于加热、干燥、杀虫、灭菌、医疗等工业项目上[117]。本实验采用微波加热法成功制备了 Al_2O_3-ZrO_2-SiO_2-TiO_2 四组分复合溶胶，涂膜后经微波干燥，烧结得到复合膜。在书中前述第 5 章制备四组分膜时发现，影响四组分复合溶胶制备过程的关键因素是原料的水解性质，由于原料水解条件的差异使复合膜溶胶的制备显得困难重重。而采用微波加热法成功地解决了这一问题，水解条件的差异并没有在其中显现出来，易制得澄清稳定的溶胶。

实验结果表明：采用微波加热法更易获得粒径小、分布集中的复合溶胶；微波加热法容易获得多盐物的水解的复合溶胶，而不须如前述四元膜复合溶胶制备那样复杂的控制步骤。

另外，微波干燥可以较大地缩短干燥时间；制备的薄膜完整，内部无明显的宏观缺陷。采用微波干燥仅用 10min 便可获得与自然干燥 24h 相同甚至更好的干燥效果。即使与保持一定湿度的恒温蒸汽干燥比较，微波干燥效果也毫不逊色，而且用时更短。

6.1 微波加热原理

微波是一种高频电磁波，其频率范围为 0.3～300GHz，相应波长为 1mm～1m。在微波加热技术中使用的频率主要为 2.45GHz（波长 12.2cm），可以根据被加热材料的形状、材质、含水率的不同进而选择微波频率与功率。微波加热技术在陶瓷及金属化合物的燃烧合成、纳米材料的制备、沸石分子筛研究等方面显示了其特有的优点，其方法成为材料制备中一个高效、简便的手段。

图 6-1 所示为一个典型的微波加热系统方框图[118]。其中，直流电源提供微波发生器的磁控管所需的直流功率，微波发生器产生一个交替变化的电场，作用在处于微波加热器内的被加热物体上，被加热物体内的极性分子因此随外电场变化而摆动，又因为分子本身的热运动和相邻分子之间的相互作用，使分子随电场变化而摆动的规则受到了阻碍和干扰，从而产生了类似于摩擦的效应，

使一部分能量转化为分子杂乱运动的能量，使分子运动加剧，从而被加热物质温度迅速升高。所以，在微波加热过程中，热从材料内部产生而不是从外部热源吸收。

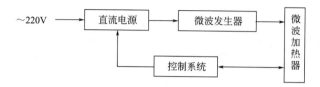

图 6-1　微波加热系统方框图

Fig. 6-1　Illustration of microwave heating system

6.2　微波加热与传统加热的比较

微波加热与传统的加热方式有着明显的差别。微波加热时，微波进入到物质

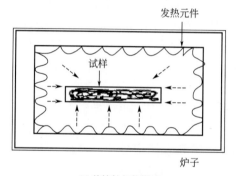

(a) 传统炉加热模式

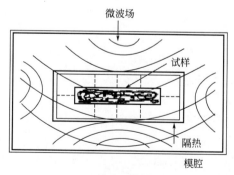

(b) 微波炉加热模式

图 6-2　传统炉和微波炉中加热模式比较

Fig. 6-2　Comparison of heating patterns in
conventional and microwave furnace

内部，微波电磁场与物质相互作用，使电磁场能量转化为物质的热能，是体积性加热，温度梯度是内高外低；而传统的加热方式是外部热源通过热辐射、传导、对流的方式，把热量传到被加热物质的表面，使其表面温度升高，再依靠传导使热量由外部传至内部，温度梯度是外高内低。微波热处理与普通热处理还有一个显著的不同是在微波热处理中，物质总是处在微波电磁场中，内部粒子的运动，除像普通热处理那样遵循热力学规律之外，还要受到电磁场的影响，温度越高，离子活性越大，受电磁场的影响越强烈。图 6-2 所示为两种加热方法的比较[119]，由于微波是从内部加热，所以被加热物质的温度梯度和热流与传统加热方法中的相反，因此，被加热物体不受大小及形状的限制，大小工件都能被加热。

6.3　微波制非水溶胶的稳定机理

胶体溶液又称溶胶，是介于真溶液和粗溶液之间的一种分散体系，其分散介质为液体的即称为液溶胶，传统胶体化学的研究多集中于液溶胶，尤其是水溶胶[120]。而对于那些在水溶液中不能进行水解或测定的物质，就需要用非水溶剂（如无水乙醇等）来制取[121]，此时形成的溶胶就为非水溶胶。

在微波加热过程中，极性分子由于介电常数较大，同微波有较强的耦合作用。所以由极性分子所组成的物质，能较好地吸收微波能。在微波电磁场作用下，极性分子从随机分布状态转为依电场方向进行取向排列，这些取向运动以每秒数十亿次的频率不断变化，造成分子的剧烈运动与碰撞摩擦，从而产生热量，达到电能直接转化为介质内的热能，使物质加热升温[66]。乙醇分子具有较强的极性，又是极好的非水溶剂，所以成为本实验微波法制非水溶胶的首选分散剂。

6.4　复合溶胶的制备及影响因素分析

制备稳定的勃姆石溶胶是制备复合溶胶的一个重要的步骤。目前文献报道的多是采用异丙醇铝来制备溶胶[123,124]，虽然制备出的溶胶性能优良，但原料昂贵且有毒，使其应用受到了一定限制。也有文献[122]报道采用溶胶-凝胶法以氯化铝和氨水水解来制备溶胶，水解温度 85℃，时间 7h，时间较长。前述（第 4 章）无机盐法制备复合膜是以 Al(NO$_3$)$_3$ 作为提供勃姆石溶胶的原料，氨水为催化剂。将浓度为 1mol/L 的 NH$_3$·H$_2$O 水浴加热至 80～90℃，搅拌的情况下迅速加入等当量 1mol/L 的 Al(NO$_3$)$_3$ 使其水解，回流加热老化 24h，最终得到澄清的 AlOOH 溶胶。本实验以 Al(NO₃)₃ 为原料采用微波加热法制备勃姆石溶胶，可以在极短的时间内制备出浓度高、性能稳定的溶胶。

6.4.1　微波加热制备勃姆石溶胶

采用微波加热法制备勃姆石溶胶，以 Al(NO₃)₃ 为原料，制备方法如下：将等摩尔的氨水和 Al(NO₃)₃ 在烧杯中混合，然后置于微波炉中用最大功率（900W）间歇加热 30s，即可得到澄清透明，性能良好的勃姆石溶胶。表 6-1 为微波加热制备的勃姆石溶胶与水浴加热制备的勃姆石溶胶的数据比较。从表中可以看出，微波加热的时间 30s 远远小于水浴加热的时间 24h，使用微波炉制备勃姆石溶胶方便快捷；对于同浓度的溶胶，微波法制得的溶胶透明度好，胶凝时间长，有利于大量制备，长期保存，优于水浴加热法。不足之处是微波法所需设备昂贵。

表 6-1　微波加热和水浴加热制备的勃姆石溶胶
Table6-1　AlOOH prepared by microwave heating and water heating

加热方式	溶胶浓度/(mol/L)	黏度/mPa·s	透明度①	制备时间	胶凝时间/d
水浴加热	0.5	2.14	1	24h	>60
	1	3.33	2	24h	10
	2	4.75	3	24h	8
微波加热	0.5	1.47	1	20s	>60
	1	2.08	1	20s	>60
	2	2.79	1	30s	>60
	4	3.16	1	30s	>60

① 根据溶胶透明程度的好与差共分为 1~5,5 个等级,1 为最好,5 为最差。

实验发现，微波加热制备勃姆石溶胶黏度比水浴法制备的同浓度的溶胶黏度小，原因可能是微波加热制备的溶胶胶粒粒径更小，具有高度分桑性，Brown 运动剧烈，致使溶胶黏度下降。但是采用微波加热的方法可以制备出浓度更高的勃姆石溶胶，浓度越高，黏度相应地增大，弥补了这一缺陷。例如利用微波加热可以直接将硝酸铝晶体加入到一定浓度的氨水中，制备出浓度高达 4mol/L 的勃姆石溶胶。而传统的水浴加热由于要将硝酸铝配成溶液，加入到氨水中，受金属盐溶解度的限制，要制备 2mol/L 的勃姆石溶胶就已经相当困难了，如果要得到高浓度的溶胶，需要经过蒸馏等手段。

金属盐水解的关键是控制金属盐溶液中产生沉淀的过程，使核在瞬间萌发出来并迅速发生重建性氧化反应（$Al^{3+} + 3OH^- \longrightarrow Al(OH)_3 \downarrow + O_2 \uparrow \longrightarrow AlOOH + H_2O$）。水浴加热条件下，硝酸铝水解时经过长时间热传导，反应初始速度慢，诱导期长，晶核不能瞬间生成，容易形成多次成核，溶胶粒子易长大且不均匀，这也是金属盐所制得的溶胶质量不如醇盐所制得的溶胶的一个原因。在微波加热条件下，由于溶液在很短时间内被均匀地升温，使 Al(OH)$_3$ 晶核在瞬间萌发，并迅速水解，生成稳定的细小 AlOOH 溶胶粒子。

微波加热的另一个优点是工艺简便，设备简单。表 6-2 为微波法（1$^\#$）与醇盐法（2$^\#$）、无机盐法（3$^\#$）制备复合膜过程中的勃姆石溶胶制备时设备与工艺比较。

表 6-2　与醇盐法、无机盐法制备勃姆石溶胶时的设备与工艺比较
Table6-2　Comparisons of equipment and technics of preparation AlOOH by microwave heating and water heating

编号	原料价格	设备	工艺	所需时间	外加剂
1$^\#$	便宜	微波炉	加热	30s	不加
2$^\#$	昂贵	恒温水浴箱、搅拌器、冷凝管	回流搅拌	20h	加入
3$^\#$	便宜	恒温水浴箱、搅拌器、冷凝管	回流搅拌	24h	加入

采用微波加热法制备出浓度分别为 1mol/L、2mol/L、4mol/L 的勃姆石溶胶待用。

6.4.2　微波加热制备四组分复合溶胶

实验用原料见表 2-1，原料的配比及实验条件如表 6-3 所示。将配好的四种原料加入到无水乙醇中，充分搅拌后，放入微波炉中加热。选用无水乙醇作分散剂，是由于一方面四种原料可以在无水乙醇中分散均匀；另一方面乙醇分子具有较强的极性，能较好地吸收微波能，能够使被加热物质快速升温。待制得的溶胶胶凝后，置于干燥箱内于 80℃ 的温度下干燥 12h（使无水乙醇基本挥发完），再把温度升至 120℃ 使其完全干燥。将干燥的凝胶放入研钵中充分研磨，之后置于电阻炉中于 1100℃ 烧结 2h。将试样进行 DTA 及 XRD 的测试。

为了研究勃姆石溶胶中加入不同量的 SiO$_2$、ZrO$_2$、TiO$_2$ 对溶胶及膜的影响，现固定 AlOOH 溶胶浓度为 4mol/L，制备不同配比的复合溶胶，实验条件如表 6-4 所示。

6.4.3　溶胶的稳定性分析

1$^\#$～9$^\#$ 所制溶胶的情况如表 6-5 所示。由实验知，当加入浓度为 1mol/L 的 AlOOH 溶胶时，很容易发生胶凝现象。根据文献[68]，溶胶中的加水量对复合溶胶的稳定性有重要影响，由于原料的水解性差异很大，溶胶中的水量要严格

表 6-3 实验原料及实验条件的设计方案

Table6-3 Design of the raw material and the conditions of experiment

试样编号	勃姆石溶胶浓度/(mol/L)	勃姆石溶胶加入量/mL	钛酸丁酯/mL	氧氯化锆/g	正硅酸乙酯/mL	pH 值	微波功率/W	加热时间/s
1#	1	12.4	1.05	1	0.7	4	900	10
2#	1	12.4	1.05	1	0.7	3.5	450	20
3#	1	12.4	1.05	1	0.7	2	270	30
4#	2	6.2	1.05	1	0.7	2	900	10
5#	2	6.2	1.05	1	0.7	3.5	450	20
6#	2	6.2	1.05	1	0.7	4	270	30
7#	4	3.1	1.05	1	0.7	3.5	900	20
8#	4	3.1	1.05	1	0.7	4	450	10
9#	4	3.1	1.05	1	0.7	2	270	30

表 6-4 制备不同配比 Al_2O_3-SiO_2-ZrO_2-TiO_2 复合溶胶的实验条件

Table6-4 The conditions of experiment of making different proportions composite sol

试样编号	Al：Si：Zr：Ti	pH 值	微波功率/W	加热时间/s
10#	2：1：1：1	3.5	450	30
11#	4：1：1：1	3.5	900	20
12#	8：1：1：1	3	900	20
13#	16：1：1：1	3	450	20
14#	1：1：1：4	4.7	900	30
15#	1：4：1：1	4.7	900	30
16#	4：1：2：1	3.1	450	30
17#	1：1：2：1	2.7	450	30

控制，四种原料中钛酸丁酯在水中水解速度非常快，加入 AlOOH 溶胶时引入的水量太多，就会使钛酸丁酯迅速水解，使复合溶胶很快凝胶；当 AlOOH 浓度为 2mol/L 时，需控制 pH 值、微波功率及加热时间才能得到澄清溶胶，如果加热时间长，溶胶温度升高也很容易凝胶，如编号 6# 的溶胶。由实验得到，所得的澄清溶胶（编号 4#）在空气中稳定性很差，约 2h 后溶胶已微显白色，

呈现胶凝的现象，也不利于涂膜；而 AlOOH 溶胶浓度为 4mol/L 时，得到的溶胶澄清透明，密封条件下可保存 20 天左右，稳定性好，故选取 AlOOH 浓度为 4mol/L，pH＝3.5，微波功率 900W，加热时间 20s 为条件做成涂膜液。

表 6-5　$1^{\#} \sim 9^{\#}$ 溶胶制备情况
Table6-5　Preparation results of $1^{\#} \sim 9^{\#}$ sol

试样编号	实验现象	黏度/mPa·s	胶凝时间/h
$1^{\#}$	黏稠的乳状液	—	—
$2^{\#}$	乳白色块状物	—	—
$3^{\#}$	乳白色凝胶并有气泡	—	—
$4^{\#}$	澄清溶胶	1.78	2
$5^{\#}$	微白色澄清溶胶	2.06	0.5
$6^{\#}$	块状凝胶	—	—
$7^{\#}$	澄清溶胶	2.34	36
$8^{\#}$	有少量悬浮物	2.12	48
$9^{\#}$	澄清溶胶	2.27	42

除此之外，Al∶Si∶Zr∶Ti 比对溶胶稳定性也有重要影响，如表 6-6 所示。由实验知，在 Si∶Zr∶Ti 比不变的情况下，AlOOH 溶胶的加入量对复合溶胶的稳定性影响很大，随着 AlOOH 溶胶加入量愈多，复合溶胶变得愈不稳定，透明度下降，黏稠度增大。原因可能是 AlOOH 加入量愈大，引入复合溶胶中的水便愈多，增加了不稳定因素。适当增加正硅酸乙酯或钛酸丁酯的加入量，对复合溶胶的稳定性无太大影响，如编号 $14^{\#}$、$15^{\#}$ 的溶胶。增加氧氯化锆的加入量，复合溶胶也很稳定，如编号 $17^{\#}$ 的溶胶。根据文献[68]，组分比不同的各复合溶胶中各种胶体粒子的结构是相似的。胶核的表面吸附 H^+ 使表面带正电荷，与溶液中的 Cl^- 形成双电层，形成稳定的溶胶，随着 Cl^- 浓度的增加凝胶化时间显著下降。

使溶胶能相对稳定存在的原因是：①胶粒的 Brown 运动使胶粒不致因重力而沉降；②由于胶团的双电层结构存在，胶粒相互排斥，不易聚沉；③在胶团的双电层中反粒子都是水化的，因此在胶粒的外面有一层水化膜，它阻止了胶粒相互碰撞而导致的胶粒结合变大。胶粒溶胶的稳定性取决于胶粒表面电荷的强弱，只有当表面电荷强度足够大，远离等电位点时，才能获得稳定的溶胶，并防止胶粒的团聚，确保膜孔径的均匀性[53]。由于制备溶胶过程中多采用无机酸作为解胶剂，过量游离酸将会破坏胶体的存在，因此必须控制适当的 pH 值。

表 6-6　不同配比的复合溶胶制备情况
Table6-6　Preparation results of sol of different ratio

试样编号	实验现象	黏度/mPa·s	胶凝时间/h
10#	澄清透明溶胶	2.22	48
11#	澄清透明溶胶	2.34	48
12#	有少量悬浮物，微白	3.36	5
13#	黏稠的乳状液	12.48	2
14#	淡黄色透明溶胶	2.46	42
15#	无色透明溶胶	2.63	48
16#	有少量悬浮物，微白	3.54	8
17#	无色透明溶胶	3.11	48

6.4.4　干凝胶的 DTA 结果分析

图 6-3 所示为 Al：Si：Zr：Ti＝4：1：1：1 的复合膜的 DTA 曲线。图中有一个吸热峰和两个放热峰出现，对应的温度分别为：147℃，880℃和983℃。由于实验中以无水乙醇作为溶剂，形成凝胶时，凝胶气孔中存在物理和化学吸附的乙醇，随着热处理温度的升高，乙醇要挥发，所以 147℃对应的吸热峰归结于干凝胶中水、硝酸和乙醇等的脱附或挥发。880℃的放热峰对应于 SiO_2-ZrO_2-TiO_2 网络的调整，与各个单组分相比，温度有所升高，说明体系中含有无定形的 SiO_2，曲线上 983℃的放热峰是由于 γ-Al_2O_3 和无定形 SiO_2 析出而引起的，对应的 XRD 曲线也可以说明这一点。

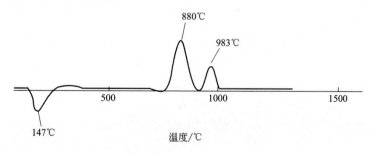

图 6-3　四组分复合膜的 DTA 曲线
Fig. 6-3　DTA of composite membrane of four compositions

6.4.5 干凝胶的物相分析

图 6-4 所示为 Al：Si：Zr：Ti＝4：1：1：1 的凝胶在不同温度烧结后的所作 X 射线衍射图。从图中可以看出，600℃热处理后的干凝胶粉末其 XRD 谱呈弥散状，这表明在此温度之前干凝胶为非晶态结构，这在膜表面的 SEM 图上也可体现出来。当煅烧温度为 1100℃时，有 γ-Al$_2$O$_3$ 晶体析出，此时复合膜的主晶相为 γ-Al$_2$O$_3$，以及非晶态 SiO$_2$ 存在。

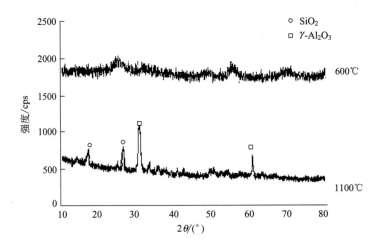

图 6-4 600℃和 1100℃煅烧后凝胶粉末的 XRD 图

Fig. 6-4 XRD patterns of composite gel calcined at 600℃ and 1100℃

由 XRD 半高宽法，根据图 6-4 的 XRD 图谱，由 Scherer 公式求得样品的平均粒径 $D(hkl)$

$$D(hkl) = \frac{K\lambda}{\beta\cos\theta}$$

式中，K 为仪器因子；λ 为所用 X 射线波长；β 为由于晶粒细化引起的衍射峰的宽化；θ 为布拉格角。

本实验中取 $K=0.89$，$\lambda=0.1541$nm（铜靶），得到 1100℃下样品的平均晶粒尺寸 $D=28.18$nm。

6.5 支撑体的双层复合膜的涂覆

本研究在支撑体的预处理过程中对其进行不同材料的双层涂覆，采用微波加热的方法制备溶胶，大大缩短了溶胶的制备的时间；利用微波能的体加热方式进行干燥，除去湿膜中的溶剂，大大改善了膜的干燥性能。

6.5.1　支撑体的处理

如前所述，采用多孔 α-Al_2O_3 陶瓷管支撑体在做涂膜前须经过预处理。在此不再赘述。

6.5.2　无定形 SiO_2/Al_2O_3-SiO_2-ZrO_2-TiO_2 双层复合膜制备

由于硅酸钠具有良好的生成多孔 SiO_2 等的性能，引入 SiO_2 是因为无定形 SiO_2 具有丰富的表面改性特性，它能改变 γ-Al_2O_3 膜的表面性能从而提高流体的选择透过率。同时以 SiO_2 作为提高膜与支撑体结合程度的元素。前述（第 1 章）谢灼利等[29]通过负载在多孔氧化铝陶瓷管上的 SiO_2 膜的红外光谱图推测出 SiO_2 在 α-Al_2O_3 陶瓷膜管上可能形成了新的化学键（见图 1-1），这表明 SiO_2 膜与 α-Al_2O_3 陶瓷膜管的结合是牢固的。

基于上述原因选择价格便宜的硅酸钠水溶液作为第一层膜的前驱体，然后，以 Al_2O_3-SiO_2-ZrO_2-TiO_2 作为第二层复合膜。

6.5.3　第一层无定形 SiO_2 膜对支撑体的影响

先采用 15%（质量分数）硅酸钠水溶液对陶瓷支撑体做浸渍涂膜处理，每次浸渍时间为 5min。干燥后 1000℃ 处理 2h，将处理后的支撑体煮沸、浸泡，以去除多余的硅酸钠，再干燥至恒重。利用光电天平及扫描电镜对结果进行测试。

表 6-7 给出了原支撑体和经过第一层无定形 SiO_2 膜浸渍处理后的支撑体的质量和孔隙率的数据。图 6-5 中（a）～（d）分别为原支撑体及经过一次、二次、三次浸渍处理后支撑体的 SEM 照片。由表 6-7 可知，支撑体经硅酸钠水溶液处理后，随着浸渍次数的增加，支撑体孔径变小。这使硅酸钠以溶胶的形式进入支撑体孔内，硅酸钠随着水分的蒸发结晶析出，附着在支撑体孔的内侧，在高温（1000℃）煅烧后，生成的无定形 SiO_2 与其邻近的 Al_2O_3 晶体发生反应，靠生成的新化学键与内部的 Al_2O_3 晶体紧密结合，在支撑体孔内侧及表面形成一层薄层，从而起到减小孔径的作用。

表 6-7　浸渍次数与支撑体性质的关系
Table6-7　Dipping times vs. quality of carriers

项目	未经浸渍	一次浸渍	二次浸渍	三次浸渍
支撑体孔径/μm	4～5	3～5	3～4	2～4
支撑体质量/g	5.1742	5.2850	5.4256	5.6015
支撑体孔隙 ε/%	40.7	37.8	35.4	30.6

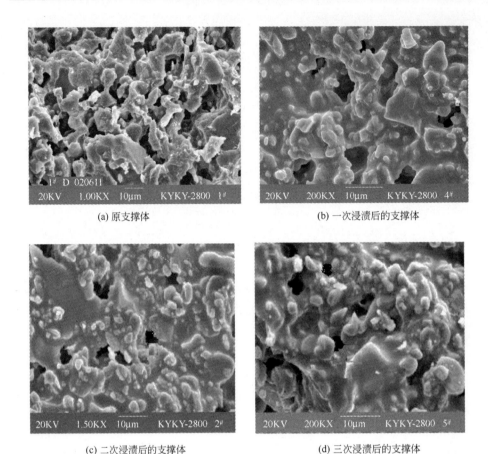

(a) 原支撑体　　　　　　　　　(b) 一次浸渍后的支撑体

(c) 二次浸渍后的支撑体　　　　　(d) 三次浸渍后的支撑体

图 6-5　经过不同次数浸渍的支撑体表面的 SEM 照片

Fig. 6-5　SEM photos of ceramic substrate with blocking

up the pore for different times

　　处理后的支撑体每次称量质量都有增加，支撑体的孔隙率随浸渍、热处理次数的增加而降低，这说明确有物质留在了支撑体的孔隙中。随着浸渍次数增加，支撑体孔径减小，但是孔隙率也下降，对膜的分离不利。为了达到最优的渗透选择性和渗透通量，下述实验均选择二次浸渍处理后的支撑体进行涂膜。

6.5.4　第二层 Al$_2$O$_3$-SiO$_2$-ZrO$_2$-TiO$_2$ 复合膜制备

（1）膜的涂覆与测试

　　将制备好的 7$^\#$ 复合溶胶（AlOOH-SiO$_2$-ZrO$_2$-TiO$_2$）注入一定长度的 α-Al$_2$O$_3$ 陶瓷管支撑体中，停留一定时间后将溶胶倒出。然后将陶瓷管放入微波炉中加热 10min，待薄膜干燥后，放入电阻炉内以 3℃/min 的速率升温至 1100℃，保温 2h，随炉自然冷却。涂膜设计方案见表 6-8。用扫描电镜观察膜表面及断面的微观结构。

表 6-8 涂膜设计方案
Table6-8 Design of smearing membrane

序号	涂膜前质量/g	涂膜次数/次	支撑体气孔率/%	支撑体	涂膜方式
No. 1	4.79440	1	35.20	二次浸渍处理	微波加热浸涂
No. 2	3.83645	3	35.42	二次浸渍处理	微波加热浸涂
No. 3	3.12110	3	34.84	二次浸渍处理	空气中浸渍涂膜
No. 4	4.06525	4	39.80	未经浸渍处理	空气中浸渍涂膜
No. 5	2.67148	8	40.70	未经浸渍处理	空气中浸渍涂膜

（2）结果与讨论

涂膜试样 No.1～5 的涂膜结果见表 6-9，SEM 照片如图 6-6～图 6-10 所示。从这些图中显示出经过二次浸渍的支撑体涂膜后，膜的孔径比相同涂膜次数的未浸渍支撑体的孔径小，而且膜的完整性比较好，孔径分布均匀。随着涂膜次数增加，膜管质量增加，但是采用微波加热浸涂的膜增重不如空气中浸涂的膜增重明显，原因可能是微波能作用下，溶胶粒子仍处于剧烈活动的状态，不容易附着在支撑体上，微波浸涂的膜比较均匀，可以增加浸涂次数来获得一定厚度的膜。

表 6-9 No. 1～5 的涂膜结果
Table6-9 Results of No. 1～5 membranes

序号	涂膜后质量/g	增重/g	孔径/μm	涂膜后气孔率/%
No. 1	4.82200	0.02840	2.5	34.56
No. 2	3.88350	0.04705	2.3	34.10
No. 3	3.19265	0.07155	2.1	30.61
No. 4	4.14205	0.07680	2.8	34.22
No. 5	2.76600	0.09452	1.7	33.80

随着涂膜次数增加，膜的孔径减小，气孔率下降，膜厚增加。这也就容易导致膜的开裂。从图 6-9（No. 4 的 SEM 照片）中可以看出未经浸渍处理的支撑体涂四次膜就开始出现开裂，而经过浸渍处理的支撑体并没有出现开裂情况。原因可解释为：由于支撑体的孔径太大，又由于浸涂膜用的溶胶粒子粒径相对于支撑体的孔径太小，在浸涂过程中，由于毛细管力的作用，溶胶粒子很容易进入大孔径支撑体的孔内，导致孔道的堵塞造成孔隙率下降[125]，同时造成孔径分布不均

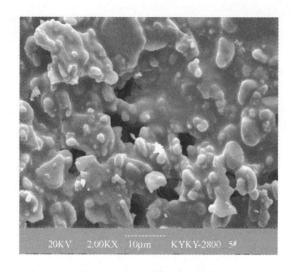

图 6-6　No. 1 的 SEM 照片

Fig. 6-6　SEM photo of No. 1 membranes

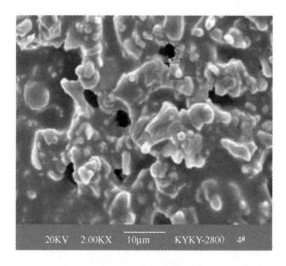

图 6-7　No. 2 的 SEM 照片

Fig. 6-7　SEM photo of No. 2 membranes

匀，最小孔径变小；由于支撑体本身也有其孔径分布，在支撑体的某些地方，由于毛细管力的不同，其吸附浸涂液固体颗粒的量也不同，甚至有的根本就没有吸附到颗粒，即使有吸附，其吸附量也很少，并且这些粒子是附着在支撑体的大颗粒上，也无法成膜，因此在热处理后，就有可能造成整个膜面的不连续，如图6-9所示。由图中可以看出，膜表面不连续，有的地方没有开裂，而有的地方存

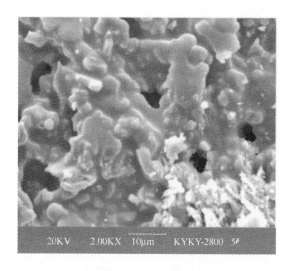

图 6-8　No. 3 的 SEM 照片

Fig. 6-8　SEM photo of No. 3 membranes

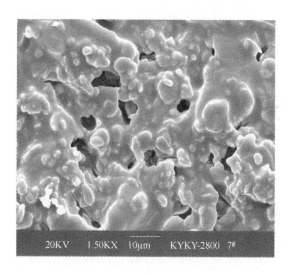

图 6-9　No. 4 的 SEM 照片

Fig. 6-9　SEM photo of No. 4 membranes

在颗粒的聚集以至孔道的阻塞，其结果使膜的孔隙率下降，孔径分布变宽。

　　图 6-10（No. 5 的 SEM 照片）显示出经过 8 次涂膜，以前开裂的膜又被后涂的膜覆盖，在最外层的膜呈现完整性。这与黄培[57]研究的结果一致。徐南平[126]也认为制膜过程中出现裂纹、针孔缺陷往往是难避免的，因此修复膜的缺陷显得十分必要。奚红霞等[127]经过重复浸涂-干燥-烧结的制膜过程多次，制得

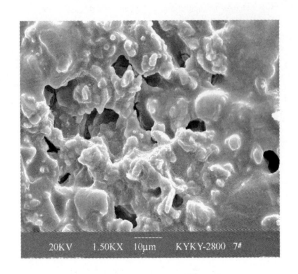

图 6-10　No. 5 的 SEM 照片

Fig. 6-10　SEM photo of No. 5 membranes

了无裂缝、无针孔的 γ-Al$_2$O$_3$ 中孔膜。重复过程中一方面可降低支撑体的表面粗糙度，以减少缺陷；另一方面利用缺陷吸浆速率大的特点，使缺陷得以"自我"修复（self-repairing）。

6.6　微波干燥工艺的确定

6.6.1　凝胶膜干燥原理

干燥原理如前所述，干燥过程中凝胶膜收缩开裂的主要原因在于所产生的毛细管力，因此减小毛细管应力是提高膜完整性的重要途径。依据 Laplace 方程，毛细管力与分散剂的表面张力成正比，而与孔径成反比。可见孔径越小，毛细管力越大，防止收缩开裂也就越难，这正是溶胶-凝胶法在制备微孔膜中存在的主要困难。为减小或消除毛细管力，通常采用低表面张力的分散介质或添加表面活性剂降低表而张力，如以醇作为分散介质；或采用新的干燥技术。

由于微波干燥技术具有干燥时间短、加热温度比较均匀等优点，近年来发展很快，国外微波干燥技术已在轻工业、食品工业、化学工业、农业和农产品加工等领域得到应用。微波的体加热方式使得其干燥曲线是逆温曲线，这非常有利于干燥过程的快速平衡均匀进行。本实验即采用微波干燥技术除去湿膜中的溶剂，并对膜的微波干燥工艺进行确定和分析。

6.6.2　实验与测试

采用正交实验法确定湿凝胶膜的微波干燥工艺，实验中主要考虑 Al：Si：Zr：Ti、溶胶浓度、微波功率、加热时间、加热方式对膜表面形貌的影响。各因素与水平如表 6-10 所示。

表 6-10　正交实验因素及水平
Table6-10　Factors and levels of orthogonal experiments

编号	Al：Si：Zr：Ti（摩尔比）	溶胶浓度/(mol/L)	微波功率/W	加热时间/min
1	4：1：1：1	0.05	900	5
2	1：1：4：1	0.1	720	10
3	1：1：1：4	0.2	450	25

6.6.3　结果与讨论

实验结果如表 6-11 所示，由表中可以看出：在凝胶的干燥过程中，Al：Si：Zr：Ti 比对干燥结果影响不大；溶胶的浓度太大则会使膜开裂，太小则不易成膜，合适的浓度应为 0.1mol/L；微波干燥功率为 900W 时，间歇加热10min 即可达到干燥的要求，且膜表面无宏观开裂。

表 6-11　实验方案及结果
Table6-11　Scheme and results of experiments

编号	Al：Si：Zr：Ti（摩尔比）	溶胶浓度/(mol/L)	微波功率/W	加热时间/min	加热方式	实验现象
1	4：1：1：1	0.05	900	5	连续加热	试样呈白色内壁宏观均匀
2	1：1：4：1	0.1	720	10	间歇加热	试样呈白色内壁宏观均匀
3	1：1：1：4	0.2	450	25	连续加热	试样呈土黄色内壁膜开裂
4	4：1：1：1	0.05	720	25	间歇加热	试样呈白色内壁宏观均匀
5	1：1：1：4	0.1	900	10	间歇加热	试样呈土黄色内壁宏观均匀
6	1：1：4：1	0.2	450	5	连续加热	内壁有黄色小气泡
7	1：1：4：1	0.05	450	10	连续加热	内壁有黄色小气泡
8	4：1：1：1	0.1	900	25	间歇加热	试样呈白色内壁宏观均匀
9	1：1：1：4	0.2	720	5	连续加热	试样呈土黄色内壁有开裂

微波干燥是利用微波与水、极性溶剂、被处理的物料等物质分子相互作用，产生分子极化、取向、磨擦、吸收等微波能使自身发热，整个物料同时被加热，

即所谓的"体积加热"过程。微波加热利用的是介质损耗原理，而且水或乙醇等极性分子的损耗因数比干物质大得多，电磁场释放能量中的绝大多数被物料中的水分子吸收。由于物料中的水分能大量吸收微波能并转化为热能，因此物料的升温和蒸发是在整个物体中同时进行的。在物料表面，由于蒸发冷却的缘故，使物料表面温度略低于里层温度，同时由于物料内部产生热量，以至于内部蒸汽迅速产生，形成压力梯度。如果物料的初始含水率很高，物料内部的压力非常快地升高，则水分可能在压力梯度作用下从物料中排除。由此可见，微波干燥过程中，温度梯度、传热和蒸汽压力迁移方向均一致，从而大大改善了干燥过程中水分的迁移条件。由于微波能在瞬间渗透到被加热物体中，无需热传导过程，数分钟就能把微波转换为物质的热能，因此加热速度快，干燥效率高，当然要优于常规的干燥。

将微波干燥 10min 得到的样品与前所做的两种干燥方式［见图 3-26（a）、（b）］得到的样品进行比较，由扫描电镜观察发现，微波干燥样品膜孔分布均匀，孔径更小（见图 6-11）。

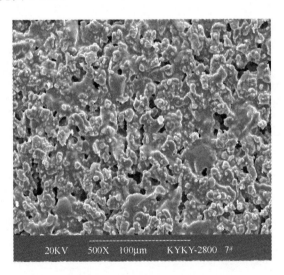

图 6-11　微波干燥工艺的膜表面 SEM 照片
Fig. 6-11　SEM photos of membranes under different drying

研究发现复合溶胶在凝胶过程中有大量溶剂被包裹在凝胶内部，干燥时溶剂挥发导致凝胶收缩，产生的张应力容易使薄膜开裂。自然干燥虽然可以使溶剂慢慢挥发出来，减少因此产生的张应力，但是溶剂逸出的速率很难控制，导致膜表面孔分布不均，甚至产生开裂。而微波干燥过程中微波能在瞬间渗透到被加热物体中，溶剂的挥发和溶胶粒子的构建几乎同时进行，产生的张应力几乎为零，此时膜层的结构是可塑性的，对制得孔径分布均匀的膜更有利。

6.7 膜的烧结研究

在涂覆在基体上的凝胶层干燥后，通过焙烧使它转变为氧化物层，即膜，因此，烧成是溶胶-凝胶法制备膜过程中的最后一道工序。在烧成过程中原凝胶层的组成、物相及孔结构均发生变化，通过热处理也使膜的机械强度增加。

在烧成前要通过热分析来确定溶剂的蒸发温度、有机添加剂的分解或燃尽温度及晶形转变温度。此外，焙烧过程要严格控制升温速率。这是由于溶胶是非常细小的颗粒，当干燥转变为凝胶时有所聚集，在升温焙烧过程中会加剧聚集，所以焙烧时升温速率要慢。

6.7.1 膜烧结的动力学研究

为了描述微滤膜的烧结动力学，Scherer 设计了一个以粒子为圆柱体交错成立方堆积的开孔几何模型 ［图 6-12(a)］[129]，用以描述烧结体的结构和烧结过程。模型中结构单元的圆柱体长为 l，圆半径为 a ［图 6-12(b) 所示为局部剖面图，图中所示为交错的圆柱体的空隙部分］，定义 $x=a/l$，模型的适用条件是相对密度 $D<0.942$ 时，$x<0.5$。这种模型应用于支撑体上薄膜的烧结过程，不需详细考虑膜的微结构。当 D 和 x 大于这个范围时，圆柱体边缘相交，气孔变为闭气孔，这时可用 MS 模型。对于支撑体上薄膜的烧结，根据 Scherer 模型可以得出以下关系式：

$$D=\rho/\rho_s=3\pi x^2(1-cx)$$

式中，ρ/ρ_s 为相对体密度；$c=8\times2^{1/2}/(3\pi)=1.2$ 为常数。

张卉等[130]经过对 $\alpha\text{-}Al_2O_3$ 膜烧结的表面活化能的计算，表明 Scherer 模型

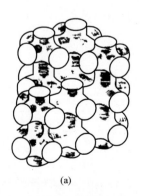

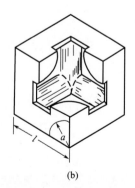

(a)   (b)

图 6-12 Scherer 模型示意图（结构单元的圆柱体长为 l，圆半径为 a）

Fig. 6-12 Schematic diagram of Scherer model（unit-cell characterized by edge length l and cylinder radius a）

具有很好的适用性。当烧结时间增大，膜的烧结速率增大，得到的反应速率常数和表观活化能与体材料烧结时的数值相差很大，这是因为膜的疏松结构使得在烧结初期粒子重排明显，而重排所需的活化能远小于体扩散的活化能。

6.7.2 结果与讨论

（1）烧结温度对膜孔径大小的影响

图 6-13 所示为在不同烧结温度下膜的孔径及孔隙率的变化。从图中可以看出，复合陶瓷膜的孔径随烧结温度的升高而增大。但黄培[57]则认为无机膜的孔隙率随着烧结温度的升高而降低，孔径减小。膜与体材料不同，在烧结过程中与支撑体接触的粒子生长必然受到支撑体的约束，不能像体材料那样自由重排和收缩；而膜的另一侧受到支撑体的影响却较小，因此膜厚对烧结过程有很大的影响，这种影响与支撑体的孔隙率、孔径和表面形貌有关，如果膜厚度较大，膜厚度方向的粒子烧结起主要作用，烧结温度提高时，总的效应与体材料的结果类似，即孔径变小；而当膜厚度较小时，支撑体的影响起主导作用，粒子只能在支撑体表面局部生长，结果长大的粒子间隙变大，对支撑体表面的膜孔的架桥作用减小，表现为膜孔径变大。本实验中，膜的厚度较小，受支撑体影响较大。

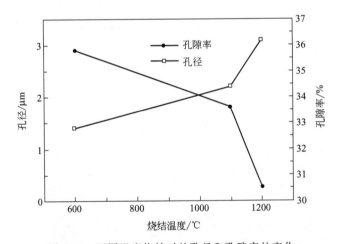

图 6-13 不同温度烧结时的孔径和孔隙率的变化

Fig. 6-13 Variations of the porosity and pore size with different sintering temperature

为了对比，测定了膜管的孔隙率在烧结过程中的变化（见图 6-13）。可见随温度的升高，孔隙率减小。这种烧结过程与体材料类似，孔隙率降低是因为烧结过程中粒子烧结颈长大并伴随体积收缩而使气孔收缩，表现为总孔隙率的下降。图 6-13 中随着烧结温度的升高，孔隙率随着保温时间的延长减小得更快。因为烧结温度提高，体积扩散系数增大，得到同样的体积收缩只需要较短的时间。

（2）复合膜的表面形貌的研究

图 6-14 所示为复合膜的截面图，图 6-15 所示为放大不同倍数的膜的 SEM 形貌。从图中可以看出膜厚 $5\mu m$ 左右，膜与基体界面连续较均匀，膜面连续，表面无开裂，晶粒轮廓清晰，膜表面有晶粒被玻璃相包裹而产生一些胶状不规则连续体。也许是硅酸钠中氧化钠的助熔烧作用。无定形 $SiO_2/Al_2O_3\text{-}SiO_2\text{-}ZrO_2\text{-}TiO_2$ 的双层涂膜烧结状态好于单层的。

图 6-14 样品截面

Fig. 6-14 SEM photo of fractured surface

(a) 1500×   (b) 4000×

图 6-15 不同放大倍数的复合膜表面

Fig. 6-15 SEM micrographs of composite membranes with different amplificatory multiple

6.8　复合陶瓷膜性能测试

6.8.1　陶瓷膜分离性能表征

　　无机陶瓷膜的分离性能主要是渗透性和渗透选择性，前者可用渗透通量和渗透系数来表示，反映了流体在膜内的传输速率；而后者则以截留率及分离系数来表征，反映了流体通过膜后的分离效果[128]。一般来讲，无机膜分离液相的性能是通过纯水的渗透实验来表征的。本实验受实验条件所限，只对膜的渗透通量进行表征。对于新膜，通常是采用纯水通量为标准来说明其渗透性能，目前对采用的纯水的质量并没有统一的标准，通常都要求是经过过滤的清洁水，一般要求其浊度及电导率等都很小，能满足瓶装纯净水的国家标准[131]。

　　本实验中采用实验室自制蒸馏水来表征复合陶瓷膜的渗透通量。

　　图 6-16 所示为编号 1～5 试样膜（表 6-11）所测蒸馏水通量，图 6-17 所示为 No.5 膜的蒸馏水通量随温度的变化情况。从图中可以看出水通量随着膜孔径的增大而增大，随水温升高而增大。

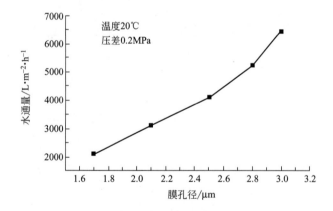

图 6-16　不同孔径复合陶瓷膜的水通量

Fig. 6-16　Variations of water volume of composite membranes in different pore size

6.8.2　耐酸、碱性能测定

　　无机膜的化学稳定性好，可以在较宽的 pH 值范围内使用。从理论上讲，经过良好处理的陶瓷膜可以在 1000℃ 高温和任何 pH 值和各种腐蚀环境下使用[54]，

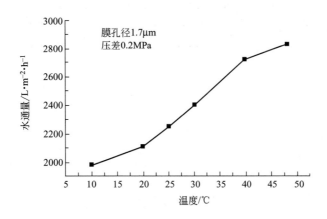

图 6-17　不同温度下复合陶瓷膜的水通量

Fig. 6-17　Variations of water volume of composite membranes in different temperature

但 γ-Al_2O_3 溶解于酸且不耐强酸强碱。本试验通过引入 SiO_2、ZrO_2 和 TiO_2 对 γ-Al_2O_3 膜的复合改性，使膜具有更优良的耐酸碱性能。

复合膜的耐酸碱性能测试如 2.4.5 所述，表 6-12 和表 6-13 给出了 Al_2O_3-SiO_2-ZrO_2-TiO_2 陶瓷膜分别在浓度为 1mol/L 盐酸溶液和 1mol/L 氢氧化钠溶液浸泡 24h 前后膜的质量、纯水渗透通量的对照数据，发现浸泡前后基本不变。这说明从微波加热法制备溶胶出发，经过浸涂、干燥、焙烧等工艺过程，已经在载体表面制备出了具有稳定结构的膜层，该膜层具有陶瓷材料的特点，内部形成紧密的晶体结构，化学键合牢固，不易被酸、碱等物质破坏。经过酸碱浸泡后复合膜的纯水渗透通量变化也很小。

表 6-12　酸浸泡前后复合陶瓷膜的质量、纯水渗透通量

Table6-12　Mass，permeability of ceramic membrane before and after dipping in acidic solution

项目	质量/g	渗透通量/$L \cdot m^{-2} \cdot h^{-1}$
浸泡前	2.41255	2116.12
浸泡后	2.41250	2120.46
变化率/%	2.07×10^{-3}（质量损失率）	-0.21

复合陶瓷膜的耐酸、碱侵蚀的性能无疑为膜分离中的膜污染问题提供了解决办法，对于那些可以溶于酸、碱，或者可以通过与酸、碱反应去除的污染物，完全可以用酸、碱溶液清洗，清洗后对陶瓷膜的质量影响不大[132]。

表 6-13　碱浸泡前后复合陶瓷膜的质量、纯水渗透通量
**Table6-13　Mass，permeability of ceramic membrane before and
after dipping in alkaline solution**

项目	质量/g	渗透通量/L·m⁻²·h⁻¹
浸泡前	4.13205	3123.30
浸泡后	4.13199	3214.31
变化率/%	1.45×10^{-3}（质量损失率）	2.9

6.8.3　污水处理测试

（1）过滤方式

微滤有两种操作工艺：死端过滤和错流过滤。在死端过滤时，溶剂和小于膜孔的溶质在压力的驱动下透过膜，大于膜孔的微粒被截留，通常堆积在膜面上。死端过滤是间歇式的，必须周期性地停下来清洗膜表面的污染层或更换膜。错流过滤时料液平行于膜面流动，与死端过滤不同的是料液流经膜面时产生的剪切力把膜面上滞留的颗粒带走，从而使污染层保持在一个较薄的水平。近年来错流操作技术发展很快，在许多领域有代替死端过滤的趋势[67]。无机膜分离采用的主要是错流过滤方式。错流过滤中存在着两股流出液体：一股是渗透液（或称滤液）；另一股是用于提供膜表面冲刷作用的循环流体。其典型流动示意图如图6-18所示[133]。

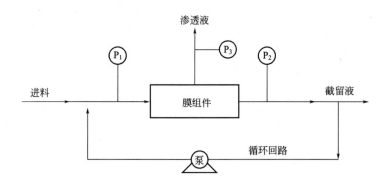

图 6-18　错流过滤示意图
Fig. 6-18　Schematic diagram of cross-flow filtration
process of ceramic membrane

（2）处理装置与测试

图 6-19 所示为实验室微滤膜水过滤装置，采用错流过滤。原水罐中的污水

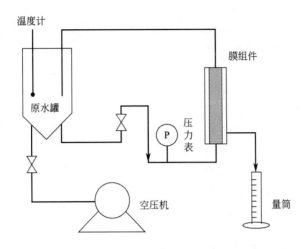

图 6-19　实验室微滤膜水过滤装置

Fig. 6-19　Laboratory filtration equipment of MF

经过空压机加压后，送进膜管，滤液从管壁渗出流入量筒，截留液又回到原水罐。装置中提供压力的是空压机，过滤时平均压差为 0.2MPa。实验原料为唐山市东郊污水处理厂工业出水的水样，其各项参数见表 6-15。所用膜管试样及内径、壁厚及平均孔径如表 6-14 所示。将过滤过污水的膜做扫描电镜观察其表面形貌。

表 6-14　水处理膜管的内径、壁厚及平均孔径

Table6-14　Inner diameter、thickness and pore size of
membrane pipes dealing with water

膜管试样号	管内径/cm	管壁厚度/cm	平均孔径/μm
No. 2	0.880	0.88	2.3
No. 5	0.840	0.84	1.7

表 6-15　水样数据及水处理结果

Table6-15　Data of water sample and result of dealing with water

项目	COD_{Cr}/mg · L^{-1}	TP/mg · L^{-1}	TN/mg · L^{-1}	pH
污水厂工业出水(测试水样)	94	1.25	31.9	6.92
污水厂生活出水(该月平均值)	48.8	0.53	28.2	7.67
No. 2 膜管过滤后水样	34.2	0.225	21.6	6.98
No. 5 膜管过滤后水样	29.8	0.186	20.9	7.03

（3）结果与分析

表 6-15 为唐山市东郊污水处理厂的工业出水和生活出水部分数据及经过膜过滤的工业出水的各项参数。由表 6-15 中可以看出，经过复合膜过滤后的污水厂生活出水的各项测试指标含量均有降低，均达到了生活出水的要求。膜的孔径越小，过滤效果也越明显。随着时间的延长，膜的渗透通量呈下降的趋势，如图 6-20 所示，其原因在于水中的微细颗粒、胶体、微生物等沉积在膜表面或膜孔中，造成膜的污染[134]。从图 6-21 所示被污染的膜表面形貌中可以看出，膜表面形成了较致密的污染层，经分析，污染层可能使无机物和有机物紧密结合，逐步形成的复杂的膜面混合污染物。为了保证膜过滤的连续进行，必须进行膜的清

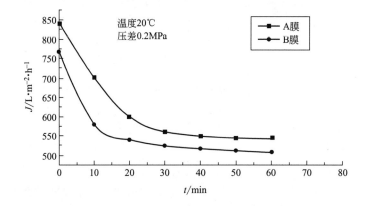

图 6-20　陶瓷膜过滤通量随时间的变化

Fig. 6-20　Variations of filtration flux with time
for ceramic membrane

(a) A 膜

(b) B 膜

图 6-21　污染后的膜表面形貌

Fig. 6-21　Surface morphology of membrane polluted

洗，一般是在实验装置中加入反冲洗设备。反冲洗即指周期性采用气体、液体作为反冲介质，使膜管在与过滤相反的方向受到短暂的反向压力作用，从而迫使膜表面及孔内的颗粒返回截留液中，使通量明显提高。无机膜的高机械强度使得反冲洗技术成为一种有效控制膜污染的常用方法。但反冲洗会带来二次污染，本课题研究对自制复合膜不用反冲洗而采用高温处理方式将各种有机物及细菌去掉，多次煅烧后膜的结构变化不大，见图 6-22。

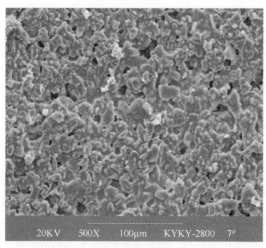

(a) 醇盐法制膜

图 6-22

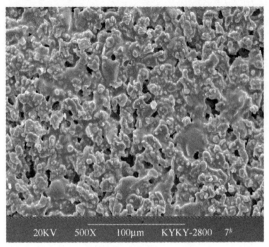

(b) 微波法制膜

图 6-22　煅烧已使用滤膜后的膜表面形貌

Fig. 6-22　Surface morphology of membrane polluted after calcined

6.9　小结

在本课题研究中，首次将微波加热的方法引入到 Al$_2$O$_3$ 系复合陶瓷膜的制备当中来，探索了实验室现有条件下制备复合膜的工艺，并且对膜的分离性能也进行了试验性研究。

① 实验表明，与水浴加热需要 24h 相比，采用微波加热的方法仅用 30s 就可以制备出勃姆石溶胶，大大节省了时间；所制备的溶胶黏度较同浓度水浴加热制备的溶胶黏度略低；微波加热可以不受 Al(NO$_3$) 溶解度的限制，制备浓度高达 4mol/L 的勃姆石溶胶；所制溶胶透明度好，保存大于三个月，为复合溶胶的制备打下了良好的基础。

② 由于正硅酸乙酯、氧氯化锆及钛酸丁酯具有不同的水解特性，水浴法制备复合溶胶要严格控制加水量和原料的加入顺序。而用微波加热的方法制备四组分复合溶胶可以不必考虑原料的加入顺序，但加水量需要控制；加入浓度为 4mol/L 的勃姆石溶胶可以减少引入水量又达到溶胶各组分摩尔配比的要求；每加热 10s 间歇一次共加热 30s 可制得澄清稳定的复合溶胶。

③ 采用 15%（质量分数）硅酸钠水溶液对支撑体进行第一层浸渍涂膜处理，然后再二次浸涂 AlOOH-SiO$_2$-ZrO$_2$-TiO$_2$ 复合溶胶，煅烧后发现膜面晶粒发育良好，孔结构均匀。支撑体的孔径由 5μm 左右下降到 3～4μm。

④ 微波干燥仅用 10min，可以将溶剂从溶胶中蒸发出来，形成良好的凝胶层，而自然干燥凝胶层需要 24h，不仅大大缩短了干燥的周期，而且形成的凝胶层更均匀。

⑤ 对煅烧后的膜进行扫描电镜观察，发现采用微波加热在硅酸钠水溶液浸渍预处理 2 次的支撑体上浸涂 3 次的膜完整，孔分布均匀；多次涂膜可以修复膜面的缺陷，使膜面更平滑。

第 7 章

Al₂O₃ 系复合微滤膜制备研究成果及展望

运用胶体与表面化学、无机材料物理化学、无机材料工艺学等理论知识，通过精密测试和分析，较为系统地研究了采用溶胶-凝胶法制备 Al_2O_3- SiO_2-ZrO_2 系复合膜的过程，通过醇盐法和较为廉价的无机盐法两条路线，在多孔陶瓷载体上制备了孔分布均匀的 Al_2O_3- SiO_2-ZrO_2 复合膜。通过引入 SiO_2 和 ZrO_2 及 TiO_2 等，有效提高了氧化铝膜的热稳定性。并尝试用微波法制备双层多组分复合溶胶取得了显著的效果。对 Al_2O_3 系复合膜制备过程中的各影响因素及其影响机理进行了详细的研究和深入的分析。通过实验研究获得的结论和认识归纳如下。

7.1 有机醇盐水解法 Al₂O₃ 系复合膜的制备

① 制备 AlOOH 溶胶时，发现水解时间对制膜周期有显著的影响，研究中发现，将水解时间延长至 4h 左右时，老化时间只需要 10h，就可以得到性能稳定的溶胶，这样可以显著缩短溶胶的制备周期。

② 复合溶胶的性质随化学组成的不同而发生变化，醇盐法制备 AlOOH 溶胶时，随 AlOOH 的含量增加，溶胶胶凝时间延长。Al_2O_3 的摩尔分数在 $70.8\% \sim 78.4\%$ 之间时得到的溶胶稳定，胶凝时间适宜，粒径较小，且澄清度较好。采用分形理论对其进行探讨，通过分析认为，当 AlOOH 的含量较小时，溶胶按 RLCA 模型生长为凝胶；当 AlOOH 的含量较大时，溶胶按 DLCA 模型生长为凝胶。

③ 以 PVA 作为成膜助剂，经过四次重复浸渍-干燥-焙烧的过程，控制浸渍时间为 $16 \sim 36s$ 时，可以在孔径为 $4 \sim 5\mu m$ 的多孔陶瓷支撑体上制得孔径为 $1 \sim 4\mu m$，厚度为 $4\mu m$ 左右且孔分布均匀的复合薄膜。

④ 复合膜的析晶温度随化学组成的不同而变化，随着体系中 Al_2O_3 含量的增加，γ-Al_2O_3 和 t-ZrO_2 晶体析出的温度降低。经过 1000℃ 煅烧后的复合膜中，主晶相为 γ-Al_2O_3 和 t-ZrO_2，SiO_2 以无定形态存在，经 1200℃ 的热处理后仍然没有发生 γ-Al_2O_3 向 α-Al_2O_3 的相变。可以认为加入 SiO_2 和 ZrO_2 后，氧化铝的

表面形成了 Si—O—Al 键和 Zr—O—Al 键，这种桥键的形成（Si—O 键稳定性高于 O—Al 键；另过渡元素 Zr 易形成络合物，使 Zr—O 键强于 O—Al 键）有助于氧化铝形成缺电子的共价型化合物，阻碍了 α-Al₂O₃ 的成核，从而抑制了相变的发生。

⑤ XRD 谱图表明经 1000℃煅烧后的复合膜中的氧化锆以 t-ZrO₂ 的形式存在，并根据谢乐公式计算出了 1000℃时 $D_t(111)=3.6\text{nm}$，1200℃时 $D_t(111)=12.0\text{nm}$。热力学分析表明因 Al₂O₃ 与 t-ZrO₂ 的作用力小于 t-ZrO₂ 间的作用力，使得 t-ZrO₂ 随温度的降低其内聚能增幅大于其界面张力的增幅。即 Al₂O₃ 是减缓 t-ZrO₂ 界面张力的主要因素，同时也起到一定的阻隔作用。

⑥ 复合膜的孔是由 AlOOH 和 ZrO₂ 颗粒的堆积以及 SiO₂ 胶粒的穿插形成的，复合溶胶体系中的 AlOOH 和 ZrO₂ 粒子数量占绝对多数时，复合凝胶膜的孔主要由粒子的堆积造成，孔径较大；随着 SiO₂ 胶粒的增多，SiO₂ 胶粒的互相穿插也提供了部分微孔，孔径逐渐减小。

7.2　无机盐水解法 Al₂O₃ 系复合膜的制备

① 在无机盐法制备的复合溶胶体系中，实验所调摩尔比例范围 n_{AlOOH}：n_{SiO_2}：n_{ZrO_2} 为（2，4，6，8，10）：（1，2，3，4）：1 均得到了澄清的复合溶胶，硅溶胶的进一步水解和溶胶各组分之间的团聚是导致胶凝的原因。

② 通过对胶粒大小、成分及烧结温度等的调整，制备了平均孔径分别为 $3.58\mu m$、$2.46\mu m$、$1.64\mu m$，孔径分布均匀的复合膜。复合膜对污水有良好的过滤效果，水的色度、浊度、氟化物及铁含量等均有很大程度的改善。大肠菌群由过滤前的 29 个/L 下降到小于 3 个/L，已达到《生活饮用水卫生标准》。

7.3　无机盐水解法 Al₂O₃ 系四组分复合膜的制备

① 无机盐前驱体制备以 TiO₂ 为主的 Al₂O₃-SiO₂-ZrO₂-TiO₂ 复合膜路线中，影响复合溶胶稳定性的最关键因素是（BuO）₄Ti 水解速度，当 $n_{\text{(BuO)}_4\text{Ti}}$：$n_{\text{H}_2\text{O}}$：$n_{\text{HNO}_3}$：$n_{\text{EtOH}}$ 摩尔比为 1：18.89：5.21：175.17；时，对涂膜是非常有利的。

② 利用 ZrOCl₂·8H₂O 水解产生的 HCl 作为 TEOS 水解的催化剂，此时即消耗了 HCl 又可促进 ZrOCl₂·8H₂O 的水解。实验中研究 $n_{\text{ZrOCl}_2\cdot 8\text{H}_2\text{O}}$：$n_{\text{TEOS}}$ 比例不同时溶胶的性能，此时复合溶胶的 pH 值约为 3。影响复合溶胶稳定性的最关键因素是（BuO）₄Ti 水解速度，可控制水和无水乙醇的摩尔比不超过 0.11。

7.4 微波加热法 Al$_2$O$_3$ 系复合膜的制备

① 与水浴加热需要 24h 相比，采用微波加热的方法在 900W 功率下，仅用数十秒就可以制备出约 20mL 勃姆石溶胶。所制备的溶胶黏度较同浓度水浴加热制备的溶胶黏度略低；微波加热可以不受 Al(NO$_3$)$_3$ 溶解度的限制，制备浓度高达 4mol/L 的勃姆石溶胶；所制溶胶透明度好，保存期大于三个月。

② 由于正硅酸乙酯、氧氯化锆及钛酸丁酯具有不同的水解特性，水浴法制备复合溶胶要严格控制加水量和原料的加入顺序。而用微波加热的方法制备四组分复合溶胶可以不必考虑原料的加入顺序，但要注意的一是配料时铝原料须以 AlOOH 溶胶加入，二是加水量需要控制；加入浓度为 4mol/L 的勃姆石溶胶可以减少引入水量又达到溶胶各组分摩尔配比的要求，可制得澄清稳定的复合溶胶。

③ 采用微波加热法在支撑体上制备无定形 SiO$_2$/Al$_2$O$_3$-SiO$_2$-ZrO$_2$-TiO$_2$ 的双层涂膜工艺，可制得孔径更小、分布更均匀的复合膜，也许是硅酸钠中氧化钠的助熔烧作用，无定形 SiO$_2$/Al$_2$O$_3$-SiO$_2$-ZrO$_2$-TiO$_2$ 的双层涂膜烧结状态好于单层的。对有缺陷的膜修复也可用此方法。对多次使用后的滤膜进行烧去滤饼遗留物处理，未发现结构有大的变化。

④ γ-Al$_2$O$_3$ 的活性使其抗酸碱性较差，通过对复合膜的抗酸碱性能测试，发现由于引入 ZrO$_2$、SiO$_2$ 和 TiO$_2$ 后对 γ-Al$_2$O$_3$ 的改性，使其抗酸碱性能大大增强。另外对膜的渗透量进行了测试。

7.5 本研究的创新性成果

① 通过醇盐法和无机盐法两条路线，首次在多孔陶瓷载体上制备了孔分布均匀的 Al$_2$O$_3$-SiO$_2$-ZrO$_2$ 复合膜。通过引入 SiO$_2$ 和 ZrO$_2$ 等，使 Al$_2$O$_3$ 系膜改性。经 1200℃ 的煅烧后仍然没有发生 γ-Al$_2$O$_3$ 向 α-Al$_2$O$_3$ 的相变。有效提高了氧化铝膜的热稳定性。

② 采用醇盐法制备 AlOOH 溶胶时，首次发现水解时间对制膜周期有显著的影响。研究中发现，将水解时间延长至 4h 左右时，老化时间只需要 10h，就可以得到性能稳定的溶胶，这样可以显著缩短溶胶的制备周期。

③ 首次采用微波法快速、高效地分别用异丙醇铝和硝酸铝制备勃姆石溶胶。

④ 研究了微波加热法在 α-Al$_2$O$_3$ 多孔陶瓷管上制备无定形 SiO$_2$/Al$_2$O$_3$-SiO$_2$-ZrO$_2$-TiO$_2$ 的双层涂膜工艺过程。对多次使用后的滤膜进行烧去滤饼遗留

物处理，未发现结构有大的变化。

⑤ 以硝酸铝、正硅酸乙酯（TEOS）、氧氯化锆（ZrOCl$_2$·8H$_2$O）、钛酸丁酯为原料，乙醇为溶剂，微波加热易得到比常规加热方法粒径分布更为均匀的复合溶胶，结果表明，溶剂极性分子对快速均热贡献显著。微波干燥的复合膜完整，孔径均匀无开裂。

7.6　本研究的展望和建议

通过大量系统的研究工作，作者取得了一些有意义的认识。首次详细讨论了采用溶胶-凝胶法制备 Al$_2$O$_3$-SiO$_2$-ZrO$_2$ 复合膜的过程，通过醇盐法和较为廉价的无机盐法两条路线，首次在多孔陶瓷载体上制备了孔分布均匀的 Al$_2$O$_3$-SiO$_2$-ZrO$_2$ 复合膜。通过引入 SiO$_2$ 和 ZrO$_2$ 等，有效提高了氧化铝膜的热稳定性。并尝试用微波法制备多组分复合溶胶取得了显著的效果。对 Al$_2$O$_3$ 系复合膜制备过程中的各影响因素及其影响机理进行了详细的研究和深入的分析。尽管在复合膜的孔径等方面提出了新的见解和思路；探索性研究了各种条件对 Al$_2$O$_3$-SiO$_2$-ZrO$_2$ 复合膜的孔径形态的影响，但仍然存在不少的问题和不足之处尚待更深入研究和探讨：

① 在 Al$_2$O$_3$-SiO$_2$-ZrO$_2$ 复合膜的孔径形态设计理论方面，尚显论据不充分，只是较详细地研究了采用溶胶-凝胶法制备 Al$_2$O$_3$-SiO$_2$-ZrO$_2$ 复合膜的过程，对复合膜材料只是进行差热分析、红外光谱分析和 X 射线衍射分析及电子显微镜分析，尚须采用高分辨率离子探针、质子探针、微区同位素分析等技术进行详细研究。

② 由于主要是新膜材料制备方面，膜通量和分离系数等膜的功能问题有待于进一步深入探索研究。

参 考 文 献

[1] 徐南平. 我国膜领域的重大需求与关键问题. 中国有色金属报, 2004, 14 (5): 327-331.

[2] 王黔平, 田秀淑等. 溶胶-凝胶法制备 Al_2O_3-SiO_2-ZrO_2 复合薄膜. 水处理技术, 2004, 30 (2): 75-77.

[3] 王黔平, 田秀淑等. 缩短溶胶-凝胶法制备 Al_2O_3 系膜溶胶时间的探讨. 水处理技术, 2005, 31 (1): 38-40.

[4] 田秀淑, 任书霞, 王黔平等. Al_2O_3-SiO_2-ZrO_2 复合膜的热稳定性研究. 石家庄铁道学院学报, 2005, 18 (2): 42-44.

[5] 徐南平. 无机膜的发展现状与展望. 化工进展, 2000 (4): 5-10.

[6] 张国昌, 陈运法, 王立新等. 复合分离膜的研究进展. 化工冶金, 1999, 20 (1): 105-110.

[7] Yeung K L, Sebastian J M, Varma A. Mesoporous alumina membranes: Synthesis, characterization, thermal stability and nonuniform distribution of catalyst. Journal of Membrane Science, 1997 (131): 9-28.

[8] Takagi R, Cot L, Nakagaki M, Larbot A. Effect of Al_2O_3 support on electrical properties of TiO_2/Al_2O_3 membraneformed by sol-gel method. Journal of Membrane Science, 2000, 177 (2): 33-40.

[9] So J H, Park S B, Yang S M. Preparation of silica-alumina composite membranes for hydrogen separation bymulti-step pore modifications. Journal of membrane Science, 1998, 147 (2): 147-158.

[10] Tavolaro A, Guizard C, Basile A, Cot L, Drioli E, Julbe A. Synthesis and characterization of a mordenite membrane on an alpha-Al_2O_3 tubular support. Journal of Materials Chemistry, 2000, 10 (5): 1131-1137.

[11] Stoitsas K A, Gotzias A, Kikkinides E S, Steriotis Th A, Kanellopoulos N K, Stoukides M, Zaspalis V T. Porous ceramic membranes for propane-propylene separation via the π-complexation mechanism: Unsupported systems. Microporous and Mesoporous Materials, 2005, 78: 235-243.

[12] Hao Yanxia, Li Jiansheng, Yang Xujie, Wang Xin, Lu Lude. Preparation of ZrO_2-Al_2O_3 composite membranes by sol-gel process and their characterization. Materials Science and Engineering A, 2004, 25 (2): 243-247.

[13] 曾智强, 萧小月, 桂治轮等. 复合陶瓷薄膜的制备及其分离应用. 膜科学与技术, 1998, 18 (2): 12-15.

[14] Dijk J C van, Munneke B R, Kramer B, et al. Membrane filtration: a realistic option in the field of water supply. Dsalination, 1991, 81 (1-3): 229.

[15] Elnaleh S, Jaafari K, Julbe A, et al. Microfiltration through an infiltrated and a noninfiltrated inorganic composite membranes. Journal of Membrane Science, 1994, 97: 127.

[16] Qunyin Xu, Marc A. Anderson, J Am Ceram Soc, 1993, 76 (8): 2093-2097.

[17] O V Cantfort，A Abid，B Michaux，B Heinrichs，R Pirard，J P Pirard. Systhesis and characterization of porous silica-alumina xerogels. J Sol-Gel Sci Technol，1997，8：125-130.

[18] K N P Kumar，A J Burffgaaf. Textural stability of titania-alumina composite membranes. J Mater Chem，1993，(3)：917-922.

[19] 曾智强，萧小月等．Al_2O_3-SiO_2-TiO_2 复合陶瓷薄膜的制备与结构．功能材料，1997，28 (6)：599-603.

[20] 李皓，朱桌莹等．ASSP 工艺制备掺镧氧化铝膜研究．郑州工业学院学报．1999，14 (4)：62-65.

[21] 陈天蛋，施剑林等．硼掺杂的 γ-Al_2O_3 催化膜的制备及其热稳定性的研究．无机材料学报，2001，16 (3)：510-514.

[22] 陈天蛋，陈航榕等．γ-Al_2O_3 无机膜热稳定性的研究．膜科学与技术，2001，21 (6)：40-44.

[23] 郝艳霞，李健生，杨绪杰等．Al_2O_3-ZrO_2 复合膜的制备与表征．无机化学学报，2002，18 (3)：245-249.

[24] 陈天蛋，陈航榕，肖云鹏等．氧化铝无机膜的制备及热稳定性的研究．佛山陶瓷，2001 (1)：13-17.

[25] 王公应．微孔 Al_2O_3 膜的研究进展．无机材料学报，1993，8 (3)：257-265.

[26] 黄肖容，黄仲涛．溶胶-凝胶法制备不对称氧化铝膜．无机材料学报，1998，13 (4)：534-539.

[27] Kim Jinsoo，Lin Y S. Sol-gel synthesis and characterization of yttria-stabilized zirconia membranes . Journal of Membrane Science，1998，139 (1)：75-83.

[28] 韦奇，张术根，王大伟．Sol-Gel 法制备无机陶瓷膜的研究进展．中国陶瓷，1999，35 (4)：30-33.

[29] 谢灼利，孙宏伟，郑冲．超滤 SiO_2 膜的制备与性能研究．北京化工大学学报，1998，25 (4)：1-5.

[30] 洪新华，李保国．溶胶-凝胶（Sol-Gel）方法的原理与应用．天津师范大学学报，2001，21 (1)：5-8.

[31] 王德宪．溶胶-凝胶法的化学原理简述．玻璃，1998，25 (1)：35-38.

[32] Kang K T，Park K S，Yi S B，Kim H G，Choi W Y，Traversa E. Preparation of ceramic composite membranes by microwave heating. Journal of the Korean Physical Society，2004，45 (1)：138-140.

[33] 田秀淑，吕臣敬，王黔平等．溶胶-凝胶法制备氧化铝系复合膜的研究进展．江苏陶瓷，2006，39 (1)：7-9.

[34] ［荷］Marcel Mulder 著．膜技术基本原理．李琳译．北京：清华大学出版社，1999：5.

[35] 叶凌碧，马延龄．微孔膜的截留作用机理和膜的选用．净水技术，1984 (2)：6-10.

[36] 化学工程手册编辑委员会．化学工程手册（4）．北京：化学工业出版社，1989：18-8；18-239；18-12.

[37] 华南理工大学无机化学教研室编．无机化学．北京：高等教育出版社，1994：176-178.

[38] Galan M，Llorens J，Gutierrez J M，et al. Ceramic membranes from sol-gel technolo-

gy. Journal of Non-Crystalline Solids，1992，147 & 148：518.

[39]　Kim Jinsoo, Lin Y S. Sol-gel synthesis and characterization of yttria-stabilized zirconia membranes . Journal of Membrane Science，1998，139（1）：75-83.

[40]　王沛，徐南平，时钧. γ-Al$_2$O$_3$ 超滤膜的制备及性能. 第七届全国化工年会论文集. 北京，1994：592.

[41]　薛友祥，李拯，王家龙. 陶瓷分离膜的制备工艺进展及市场应用. 现代技术陶瓷，2000（3）：15-17.

[42]　袁文辉，李莉，叶振华. γ-Al$_2$O$_3$ 膜的制备及表征. 水处理技术，1998，24（2）：73-77.

[43]　A Larbot，J P Fabre，C Guizard，L Cot. Inorganic membranes obtained by sol-gel technologies. Journal of Membrane Science，1988，39：203-212.

[44]　王耀明. 陶瓷分离膜及其应用. 陶瓷，1994，4：38-41.

[45]　周健儿，吴汉阳. 无机陶瓷分离膜的研究与应用——陶瓷分离膜的研究应用和发展. 中国陶瓷，1999，35（3）：16-20.

[46]　Ping-kun Lin. J Am Ceram Soc，1997，80（2）：365-372.

[47]　庞先杰，钟邦克. 多孔无机膜孔径大小和分布的测定. 石油化工，1997，26：337-340.

[48]　Kim K J，Fane A G，Aim R B，et al. J of Membrane Science，1994，87：35.

[49]　王沛，徐南平，时均. 氧化铝微滤膜孔径的影响因素及控制. 高校化学工程学报，1998，12（1）：28-32.

[50]　时钧，袁权，高从堦编著. 膜技术手册. 北京：化学工业出版社，2001.

[51]　杨维慎，邬记成，刘世河等. 第一届全国膜和膜过程学术报告会文集. 大连：［出版者不详］，1991：448-451.

[52]　田秀淑，任书霞，王黔平等. Al$_2$O$_3$-SiO$_2$-ZrO$_2$ 复合膜的热稳定性研究. 石家庄铁道学院学报，2005，18（2）：42-44.

[53]　黄仲涛，曾昭槐，钟邦克等编著. 无机膜技术及应用. 北京：中国石化出版社，1999.

[54]　Leenaars A F M，Keizer K，Burggraff A J. J of Materials Science，1984，19：1077-1088.

[55]　Burggraaf A J，Keizer K，van Hassel B A. Solid State Ionics，1989，32 & 33：771-781.

[56]　Burggraaf A J，Got L. Fundamentals of Inorganic Membrane Science and Technology. Elsevier Science B V，1996.

[57]　黄培. 氧化铝陶瓷膜的制备、表征和应用［学位论文］. 南京：南京化工大学，1996.

[58]　Luevanen E，et al. Thesymposium of the ICIM 3. Worcestor USA，1994：549-552.

[59]　Page R A，Pan Y M. Mater Res Soc Symp Proc，1992，249：449.

[60]　Rhines F N，Dehoffrt. Mater Sci Res，1984，16：49.

[61]　Hillman S H，German R M. J of Materials Science，1992，27：2641.

[62]　袁文辉，叶振华. 氧化铝无机膜的制备. 华南理工大学学报，1997，25（10）：73-76.

[63]　卢旭晨，徐廷献. 溶胶-凝胶法及其应用. 陶瓷学报，1998，19（1）：53-57.

[64]　卢旭晨，李佑楚等. 陶瓷薄膜制备及应用. 材料导报，1999，13（6）：35-38.

[65]　Hans V V W，Gerardus E A J，Clemens B B，et al. Composite ceramic micropermeable membrane. Process and apparatus for producing such membrane. EP，88202577. 8，1988.

[66]　丁兴立，靳灿辉，韩耀华，张蕊. 微波技术在化工生产中的应用. 河北化工，2004，

27 （1）：15-17.

[67] 许振良．膜法水处理技术．北京：化学工业出版社，2001：35-37.

[68] 沈钟，王果庭．胶体与表面化学．北京：化学工业出版社，1991.

[69] 景文珩等．片状陶瓷膜润湿动力学的测试．高校化学工程学报，2004，4：141-145.

[70] 袁安，阎子峰．分形理论的发展与化学．石油化工高等学校学报，2000，13（2）：6-11.

[71] 张剂忠．分形．北京：清华大学出版社，1995.

[72] P Rhodri Williams，Rhodri L Williams，Richard Jones. New techniques in sol-gel characterisation-mechanical measurements and fractal characteristics. Journal of Non-Crystalline solids，2001，293-295：731-745.

[73] M Agop，I Oprea. Some Properties of the World Crystal in Fractal Spacetime Theory. Australian journal of physics，2000，53（2）：231-240.

[74] Larbot A，Younssi S，Persin M，Cot L. Sarrazin. J of Membrane Science，1994，167-173.

[75] Burganos V. Bulletin Membranes and Menmbrane Processes，1999，24：19.

[76] Hsieh H P. Inorganic Membranes. AIChE Symp Ser，1988，261：1.

[77] Hsieh H P，Bhave R R，Fleming H L. J of Membrane Science，1988，39：221.

[78] 汪锰，王湛等．膜材料及其制备．北京：化学工业出版社，2003：1.

[79] 徐南平．面向应用过程的陶瓷膜材料设计、制备与应用．北京：科学出版社，2005：1-10.

[80] 韦奇．勃姆石（氧化铝）及其复合膜的制备和微观结构研究［学位论文］．长沙：中南工业大学，1991.

[81] 汪洪生，陆雍森．国外膜技术进展及其在水处理中的应用．膜科学与技术，1999，19（4）：17-21.

[82] 韦奇，王大伟等．无机陶瓷膜表面改性技术研究进展．功能材料，1999，30（6）：601-603.

[83] 韦奇，王大伟等．氧化铝陶瓷膜的制备及热稳定性研究．陶瓷工程，1999，33（2）：1-4.

[84] 薛友祥，李拯等．陶瓷分离膜的制备工艺进展及市场应用．现代技术陶瓷，2000，3：15-17.

[85] 胡勇胜，陈文等．溶胶凝胶陶瓷薄膜制备工艺技术的研究．陶瓷工程，2000，12：7-9.

[86] 王黔平，马雪刚，王永刚等．Al_2O_3-SiO_2-ZrO_2-TiO_2 复合微滤膜的制备与研究．河北理工大学学报，2005，27（3）：61-66.

[87] Yoldas B E. Ultrastructure Processing of Advanced Ceramics. New York：Wiely，1988：333.

[88] 周健儿，王艳香，马光华．溶胶-凝胶法制备超滤 Al_2O_3 膜的研究．陶瓷学报，1999，20（2）：87-91.

[89] 袁文辉．氧化铝无机膜的制备及其分离特性的研究［学位论文］．广州：华南理工大学，1998.

[90] 王连军．无机膜的制备与膜生物反应器处理污水的研究［学位论文］．南京：南京理工大学，1999.

[91] 廖海达，刘昌华，白丽娟，马少妹，龙翔云．超细 AlOOH 的制备与表征．广西科学，2001（1）：34-37.

[92] 孙宏伟，谢灼利，郑冲．非对称 SiO$_2$ 凝胶膜的制备与性能研究．北京化工大学学报，1998，25（1）：1-5.

[93] 琚行松，黄培，徐南平等．溶胶稳定性对氧化锆超滤膜结构和性能的影响．膜科学与技术，1999，19（5）：32-37.

[94] 王果庭．胶体稳定性．北京：科学出版社，1990.

[95] 张敬乾，翟滨，宋文静．制备硅酸凝胶实验条件的探讨．大连轻工业学院学报，1997，16（3）：88-91.

[96] 孙继红，范文浩，吴东等．溶胶-凝胶（Sol-gel）化学及其应用．材料导报，2000，14（4）：25-29.

[97] 田秀淑，张光磊，王黔平等．溶胶-凝胶法制备 Al$_2$O$_3$-SiO$_2$-ZrO$_2$ 复合膜的成膜工艺研究．中国陶瓷，2006，42（5）：14-17.

[98] R J R Uhlhorn, M H B J Huisin' tveld, K Keizer, A J Burggraff. Synthesis of ceramic membranes. Journal of Materials Science, 1992，27：527-537.

[99] Okubo T, Watanabe Kusakabe K, et al. Preparation of γ-alumina thin membrane by sol-gel processing and its characterization by gas permeation. Journal of Materials Science, 1990，25：4822-4827.

[100] 李月明，周健儿，顾幸勇等．溶胶-凝胶法制备 Al$_2$O$_3$ 纳米粉．中国陶瓷，2002，38（5）：4-6.

[101] 张英．多孔 Al$_2$O$_3$ 复合膜的研究［学位论文］．武汉：武汉理工大学，2003.

[102] Kumar K N P. Nanostructure ceramic membranes [PhD Thesis]. Netherlands：University of Twente, Enschede, 1993.

[103] Simpking P G, Johoson D W J, Fleming D A. J Am Ceram Soc, 1989，72：1816.

[104] 董慧茹，仪器分析．北京：化学工业出版社，2000：180-191.

[105] 尹衍升，陈守刚，刘英才．北京：化学工业出版社，2000.

[106] Toba M, Mizukami F, Niwas, Sano T, Shoji K M H. J Mater Chem, 1994，4（7）：1131-1135.

[107] A F M Leenaars, K Keizer, A J Burggraff. The preparation and characterization of alumina membranes with ultrafine pores：Part 1. Microstructure investigations on non-supported membrane. Journal of Materials Science, 1984，19（4）：1077-1088.

[108] GB/T 14427—93. 锅炉用水和冷却水分析方法——铁的测定，1994.

[109] 张艳琴．关于粪性大肠菌群在饮用水中检测的意义及实施．太原科技，2001，6：36-37.

[110] 罗志腾等．水污染控制工程微生物学．北京：北京科学技术出版社，1988：9.

[111] GB 5749—1985. 生活饮用水卫生标准，1985.

[112] 张勤俭，张建华，李敏等．溶胶-凝胶法制备的 Al$_2$O$_3$-ZrO$_2$ 陶瓷薄膜早期干燥过程的研究．硅酸盐学报，2002，30（1）：128-130.

[113] 吴洁华．ZrO$_2$ 陶瓷膜结构研究．无机材料学报，1996，11（4）：719-722.

[114] 韦奇，王大伟，张术根．溶胶-凝胶法制备 Al$_2$O$_3$-SiO$_2$ 复合膜的微观结构分析．硅酸盐学报，2001，29（4）：392-396.

[115] 徐晓虹，张英，吴建锋等．Al$_2$O$_3$-SiO$_2$-TiO$_2$-ZrO$_2$ 复合陶瓷膜的制备与表征．硅酸盐

学报，2003（5）：28-31.

[116] 林健．催化剂对正硅酸乙酯水解-聚合机理的影响．无机材料学报，1997，12（6）：263-369.

[117] 郭胜利，张宝林．微波干燥技术的应用进展．河南化工，2002（4）：1-3.

[118] 张俊英，张中太．发光材料的微波合成方法．材料导报，2001，15（5）：21.

[119] 吴会中，戴长虹，马晓雁．多孔陶瓷的微波烧结技术．耐火材料，2004，38（4）：283-285.

[120] 阮艳莉，韩恩山，杨春．非水溶胶的研究进展．化学世界，2003（1）：41-44.

[121] 陈经涛，陈养民．非水溶剂和非水溶剂化学的特性及应用进展．渭南师范学院学报，2003：18（5）：48-50.

[122] 谢五喜，刘有智，张芳．溶胶-凝胶法制备勃姆石溶胶的实验研究．膜科学与技术，2005，25（4）：71-73.

[123] 徐晓虹，白占良，吴建锋，张英．Al_2O_3-SiO_2-TiO_2-ZrO_2 复合膜与基体结合性的研究．陶瓷学报，2003，24（3）：133-138.

[124] 王黔平，郭琳琳，田秀淑．无机盐和醇盐先驱体制备铝溶胶及铝系无机膜的比较．陶瓷，2007（12）：18-19，24.

[125] 刘有智，谢五喜，张芳，杨毅伟，张文俊，谷磊．支撑体孔径大小对 Al_2O_3 微滤膜完整性的影响．化工学报，2005，56（7）：1372-1375.

[126] 徐南平，邢卫红，赵宜江．无机膜分离与应用．北京：化学工业出版社，2003.

[127] 奚红霞，黄仲涛．用 Sol-Gel 技术制备 γ-Al_2O_3 中孔膜．华南理工大学学报（自然科学版），1997，25（3）：129-132.

[128] 李旭祥．分离膜制备与应用．北京：化学工业出版社，2004.

[129] Zhi-Wei Lian. Effect of alumina addition on the sintering behavior and dielectric properties of a borosilicate glass [D]. Tai Bei：Taiwan University，2002：18.

[130] 张卉，顾云峰，王焕庭，刘杏芹，孟广耀．α-Al_2O_3 微滤膜的烧结过程动力学．材料研究学报，1999，13（3）：249-254.

[131] GB17323—1998. 瓶装饮用纯净水国家标准，1999.

[132] 桑雪梅，李军，张春艳，王敏．TiO_2 陶瓷膜的制备及性能研究．化学研究与应用，2005，17（3）：313-316.

[133] 任建新．膜分离技术及其应用．北京：化学工业出版社．2003.

[134] 李连超，李波，洪波，王保国．超滤膜渗透量法评价水质的研究．膜科学与技术，2005，25（5）：5-9.